钢筋混凝土复合受扭
分析与设计

刘继明　著

全国百佳图书出版单位

图书在版编目（CIP）数据

钢筋混凝土复合受扭分析与设计/刘继明著. —北京：知识产权出版社，2017.1
ISBN 978-7-5130-4636-7

Ⅰ.①钢… Ⅱ.①刘… Ⅲ.①钢筋混凝土结构—结构构件—分析（力学）②钢筋混凝土结构—结构构件—设计 Ⅳ.①TU37

中国版本图书馆 CIP 数据核字（2016）第 301543 号

内容简介

本书共 8 章，主要内容包括绪论，普通钢筋混凝土在反复扭矩作用下的试验研究及抗震性能分析，高强钢筋混凝土在单调与反复扭矩作用下的试验研究，钢筋混凝土复合受扭行为非线性有限元分析，基于薄膜元理论的复合受扭全过程分析，复合受扭构件的统一分析及承载能力设计方法等。

本书可作为高等院校土木、交通、水利及海洋工程等专业研究生和本科生的教学参考书，也可供从事钢筋混凝土结构工程设计及相关科研工作的人员参考使用。

责任编辑：张雪梅　　　　　　　　责任校对：谷　洋
封面设计：睿思视界　　　　　　　责任出版：刘译文

钢筋混凝土复合受扭分析与设计

刘继明　著

出版发行：知识产权出版社 有限责任公司		网　　址：http://www.ipph.cn	
社　　址：北京市海淀区西外太平庄 55 号		邮　　编：100081	
责编电话：010 - 82000860 转 8171		责编邮箱：410746564@qq.com	
发行电话：010 - 82000860 转 8101/8102		发行传真：010 - 82000893/82005070/82000270	
印　　刷：北京科信印刷有限公司		经　　销：各大网上书店、新华书店及相关专业书店	
开　　本：720mm×1000mm　1/16		印　　张：12	
版　　次：2017 年 1 月第 1 版		印　　次：2017 年 1 月第 1 次印刷	
字　　数：230 千字		定　　价：65.00 元	
ISBN 978-7-5130-4636-7			

前　言

普通混凝土及高强混凝土随着高层建筑的发展得到广泛的应用，因此有必要对普通混凝土和高强混凝土弯压剪扭复合受力的结构性能做进一步研究。本书通过 35 根试件的试验研究和理论分析，对复合受力的混凝土框架柱的受扭行为和抗震性能进行了研究，具体包括以下几个方面的内容。

通过 9 根承受双向偏压、弯、剪的钢筋混凝土构件在反复扭矩作用下的试验研究，以轴压比和相对偏心距为主要研究参数，揭示构件在双向偏压剪、反复扭矩作用下的破坏特征、开裂扭矩、刚度、强度、延性等特性和耗能性能，从而确定其开裂承载能力、极限承载能力及变形性能。

通过 14 根承受单向压、弯、剪及单调扭矩复合作用的高强钢筋混凝土构件和 9 根高强混凝土、3 根高性能混凝土框架柱在双向压弯剪及反复扭矩复合作用下的模型试验研究，首次研究了高强混凝土框架柱在翘曲截面上的受力行为，探讨了高强混凝土框架柱抗扭性能的受力机理。以轴压比和相对偏心距为主要研究参数，揭示高强钢筋混凝土构件在单向、双向偏压剪和单调、反复扭矩作用下的破坏特征、开裂扭矩、刚度、强度、延性等特性，分析了影响高强混凝土框架柱抗扭承载力的因素。

研究了承受双向压弯剪扭复合受力的普通和高强混凝土框架柱的抗震性能。在 9 根普通混凝土、12 根高强钢筋混凝土框架柱在双向压弯剪和反复扭矩复合作用的模型试验研究的基础上，对普通和高强混凝土框架柱的抗震特性和滞回特性进行了分析，研究了各影响因素对钢筋混凝土复合受扭构件抗震性能的影响。

对钢筋混凝土构件的抗震性能进行了评论，对钢筋混凝土双向压弯剪构件在反复扭矩作用下的滞回特性及滞回模型存在的问题进行了分析，同时分析了抗震性能中较为关键的两部分——延性和耗能，讨论了各种影响因素对延性和耗能的影响，给出了双向压弯剪及反复扭矩作用下恢复力模型中各种滞回环的建立方法，建立了钢筋混凝土复合受扭构件的恢复力模型。

采用有限元非线性分析方法对弯压剪扭复合受力下的钢筋混凝土结构的非线性性能进行了分析研究。在建立钢筋混凝土的有限元模型时，混凝土采用的单元为八节点六面体等参单元，钢筋单元分为两种情况，纵向钢筋采用分离式钢筋单元，箍筋采用埋藏式钢筋单元，即箍筋作为附着在混凝土等参数单元内或单元上的"膜单元"。混凝土本构关系和破坏准则采用混凝土边界面模型。该模型是一种功能较强的模型，可以用于混凝土三向受力的情况，采用损伤概念来反映混凝土连续性刚度退化现象和非线性性能，把材料参数与混凝土的一些物理现象组合在一起，使得这种模型应用于混凝土三向受力时与试验结果的一致性和计算上的困难得以解决；可以模拟混凝土受力后的各种特性，如混凝土的非线性应力-应变关系，循环荷载作用下的刚度退化现象，剪力引起的混凝土的压缩和膨胀现象和超过强度极限的应变软化现象等，且这种模型最大的优点是表达形式简单，模型参数比较容易确定，便于应用。基于混凝土压、弯、剪、扭复合受力的情况，需要对这种结构在各种荷载情况下的内力变形状况和破坏性状进行较为精确的分析。本书采用边界面模型对混凝土复合受力性能进行非线性分析，能有效、精确地分析复合受力构件在各种荷载作用下全过程的受力行为，为理论分析提供各方面的验证。

将斜压场理论中的斜压杆表达成在平面内承受剪应力和正应力的钢筋混凝土薄膜元，借助桁架模型，满足二维应力平衡条件、莫尔应变协调条件和混凝土的双轴软化本构关系，揭示钢筋混凝土复合受力构件在受力-变形全过程中的受力行为和工作性能，为研究复合受扭构件的变形行为打下了坚实的基础。应用这种方法，本书首次对高强钢筋混凝土压弯剪扭复合受力构件进行了非线性全过程分析，对考虑软化的混凝土本构关系进行了修正，对混凝土斜压场进行了简化，分析计算结果与试验结果符合较好，说明薄膜元理论对钢筋混凝土复合受扭构件受力行为的全过程分析是一种有效的方法。

将单向加载、反复加载、单向受扭、反复受扭的普通混凝土和高强混凝土构件用基于空间桁架模型的统一理论来描述，得出了反映复合受扭受力行为的强度相关关系。该统一理论能较好地描述复合受扭构件各方面的受力性能，包容性较强。在该理论的基础上，得出了复合受扭构件承载能力的计算公式，概念清楚，公式简单，并在此基础上得出符合设计人员习惯的类同于现行规范的设计公式，更加真实地反映了此类构件的受力行为和承载能力。

在本书写作过程中，西安交通大学俞茂宏教授提出了很多宝贵的意见，西安建筑科技大学白国良教授、牛荻涛教授、史庆轩教授及华侨大学董毓利教授给予了很多关心，并提出了许多具体的建议；孙黄胜博士及阎肖武、吴成龙等参与了书中部分试验研究工作和书稿的修改；书中涉及的研究工作得到了青岛理工大学结构实验室所有技术人员的无私帮助；本书引证的资料，为了体现原作者的研究贡献，在参考文献中均尽力给予客观叙述和说明，在此对以上各位的支持和帮助表示衷心的感谢。

由于作者的学识水平所限，书中不足之处在所难免，恳请读者提出宝贵意见。

目　　录

第1章 绪　　论

1.1 引　　言

　　我国目前处于地震重现的活跃期，由于经济发展水平的关系，在地震区建设钢筋混凝土结构的房屋还相当普遍。在常用的钢筋混凝土框架结构和框架-剪力墙结构中，结构处于受扭的情况不少，但是处于扭矩单独作用下的情况则不多，大多都是复合受扭，例如桥梁、吊车梁、框架边梁、筒壳边梁、托梁、各种环梁、支承悬臂板或阳台的梁、螺旋楼梯、槽形堵板、侧转放置的马鞍形壳板、电杆……都是处于弯矩、剪力和扭矩共同作用的复合受扭。对于托架结构，上弦在轴压力、弯矩和扭矩的共同作用下工作，下弦则在轴拉力、弯矩和扭矩的共同作用下工作。过去，在结构设计中，由于采用现浇钢筋混凝土结构或截面尺寸较大的预制构件，相对于弯矩、轴向力和剪力而言，扭转属于次要因素，往往可忽略其影响或者采用保守的计算和构造措施来处理。随着高强材料的发展，在各种工程结构中广泛采用钢筋混凝土和预应力混凝土薄壁构件，结构跨度不断扩大，以及抗震要求的提高，都使扭转的作用突出起来。20世纪70年代以来，我国对钢筋混凝土和预应力混凝土结构扭转问题给予重视。为了修订我国的钢筋混凝土结构设计规范，成立了钢筋混凝土受扭科研专题组，开展了纯扭、压扭、弯扭、弯剪扭以及低周反复荷载下抗扭性能的试验研究，并对纯扭、压扭和剪扭构件进行了全过程分析。有关设计研究院、科研单位以及高等院校等结合工程实践进行了许多吊车梁、托梁、托架、箱形桥梁、雨篷梁、槽形墙板、马鞍形壳板、电杆以及拉扭构件性能的试验研究。上述研究取得的大量科研成果，为修订具有我国特色的规范条文以及改进工程设计提供了科学依据。近几年来，国际上对扭转问题的研究，不仅考虑强度问题，而且注意到变形和刚度的分析，从研究个别的受扭发展到复合受扭、研究整个结构体系的扭转内力重分布以及周期荷载作用下的受扭性能。

1.2　钢筋混凝土复合受扭研究现状

1.2.1　国外研究状况

自 20 世纪初，国外对钢筋混凝土构件的受扭性能进行了大量的研究，尤其是六七十年代，受力情况从简单到复杂分别进行了探索，对钢筋混凝土构件在纯扭、弯扭、压扭、弯剪扭作用下的破坏形态、受力机理、刚度、抗扭强度以及相关方程、延性等性能进行了深入的探讨，并取得了相当的研究成果。[1-5]

在受扭构件开裂前，用弹性理论来描述纯扭构件的性能，有薄膜比拟的弹性理论和沙堆比拟的塑性理论描述开裂扭矩。在受扭初期，最初考虑的影响因素是扭剪应力的大小和位置，钢筋对开裂前的抗扭性能的影响是很小的。构件开裂，截面的应力分布与弹性理论分析结果比较接近。随着扭矩的增加，截面的应力分布逐渐进入弹塑性阶段，用弹性理论和塑性理论来描述复合受扭构件在开裂之前和开裂初期的受力性能有可靠的精确程度。

E. Rausch，Bach 和 Graf 的古典空间桁架理论将配有纵筋和箍筋的混凝土受扭构件设想成一个中空的管形构件[6]，构件开裂后，管壁混凝土沿 45° 裂缝倾角形成一个螺旋形构件，与纵筋、箍筋组成一个空间桁架，通过管壁上的环向剪力流抵抗外扭矩。

斜弯破坏理论[7]认为受扭构件三面受拉，一面受压，形成空间弯曲破坏截面，对破坏面中和轴取矩，根据平衡条件推导出抗扭强度计算公式。Hsu[8] 和 Lessig 将斜弯理论发展成一个可信的理论基础，它能可靠地描述受纯扭作用的钢筋混凝土梁的强度，在开裂后的性能中，配置的钢筋有明显的影响。首次基于扭转三种破坏形态的抗扭极限强度的理论分析是由 Lessig 所做，后来被 Hsu 和 Yudin 补充，三种基本类型用斜弯机理解释为顶面受压、侧面受压和底面受压破坏。Thürlimann 和 Lampert 对变角空间桁架理论作了进一步的阐述[9,10]，并将抗扭、抗剪的机理统一到一个计算模型上来。Collins 基于薄壁箱形空间桁架计算模型，不仅考虑静力平衡条件，而且注意到几何变形关系，建立斜压场理论。1985 年，Hsu[11-13] 连续发表了三篇关于混凝土"软化"的论文，认为如考虑梁混凝土的软化效应，就能够较为准确地估算抗扭强度和整个加荷过程中的变形，为此，他将混凝土软化的特性引入斜压场计算模型中。

研究结果表明，在构件开裂以前，斜弯理论能够较好地估计构件的抗扭反应，而在构件开裂以后，变角空间桁架理论能够为钢筋混凝土构件的抗剪及抗扭计算提供清晰的概念。为适用于任意形状的截面，且由于对混凝土"软化"的深入研究，目前对混凝土抗扭机理的分析有统一采用变角空间桁架理论的趋势。现将各种计算理论和计算公式简要归纳如下。

（1）Rausch 空间桁架计算模型

用桁架比拟钢筋混凝土构件开裂后的工作机理，最早是由 Ritter 和 Morsch 提出，应用于受剪切的钢筋混凝土梁。1929 年 E. Rausch 以 Bach 和 Graf 的试验为基础，将 45°斜杆的桁架模型推广应用于已开裂的受扭构件。他将配有纵筋和箍筋的混凝土受扭构件设想为一个中空的管形构件，构件开裂后，管壁混凝土沿 45°裂缝倾角形成一个螺旋形构件，与纵筋、箍筋组成一个空间桁架，通过管壁的是环向剪力流，抵抗外扭矩。

Rausch 建立的空间桁架模型有四个假定：

1）空间桁架由 45°的混凝土斜杆、纵向钢筋和横向箍筋在结点处铰接组成。

2）混凝土斜杆只承受轴向压力，忽略其抗剪作用。

3）纵筋和箍筋只承受轴向压力，忽略其销栓作用。

4）实心截面的核心混凝土对极限抗扭强度不起作用。

剪力流路线取封闭箍筋的中心线计算。利用结点平衡和对整个截面取扭矩，即可求得极限扭矩。

Rausch 提出的空间桁架计算模型，将 Bredt 的薄壁管理论与平面桁架模型巧妙结合，对钢筋混凝土构件抗扭机理赋予比较清晰的解释，概念清楚，公式简单。这种计算方法，在低配筋时由于忽略混凝土抗扭作用，偏于保守；而在高配筋时，由于过高估计钢筋的抗扭能力，偏于不安全。

（2）变角空间桁架模型

Rausch 的空间桁架模型假定混凝土斜杆的倾角为 45°，也就是说在纵筋与箍筋为同一材料时，要求纵筋与箍筋的体积配筋率相等。但试验表明，纵筋与箍筋体积配筋比不等于 1 时，在构件达到极限强度之前，纵筋和箍筋同样可都达到屈服，Lampert 和 Thürlimann 认为这个现象可用混凝土斜杆的倾角 θ 是变化的来解释。为此，他们于 1968 年提出变角空间桁架模型，并指出混凝土压杆倾角 θ 可以通过给定的纵筋屈服力和箍筋屈服力的相对大小确定，在设计中通过选用最经济的纵筋与箍筋配筋量的体积比来确定。1973 年 Thürlimann 对变角空间桁架作了进一步阐述，并将抗剪、抗扭机理分析统一到一个计算模型上。

试验表明，实心矩形截面构件临近破坏时，与同样外廓尺寸、同样材料和同样配筋的空心截面构件的抗扭性能是等效的。因此，变角空间桁架模型取用矩形箱形截面，忽略核心混凝土作用，即假定扭矩主要由外壳混凝土及其钢筋骨架承担。

受纯扭作用的矩形截面构件的变角空间桁架模型如图 1.1 所示，取不同的隔离体，利用平衡条件，即可求得极限扭矩。Rausch 的空间桁架模型计算公式是变角空间桁架模型中纵筋与箍筋配筋体积相等的特殊情况。压力场的倾角实

际上为 $\theta=45°$，当纵筋与箍筋配筋体积不相等时，在纵筋（或箍筋）屈服后会产生内力重分布，压力场的倾角也会随之改变，纵筋和箍筋都达到屈服，此时裂缝宽度最小；θ 角过小，箍筋首先屈服，只有引起的裂缝宽度不断增大才能使纵筋也屈服；而 θ 角过大，纵筋首先屈服，也只有裂缝宽度不断增大才能使箍筋也达到屈服。因此，为控制裂缝的开展，并保证两种钢筋都能达到屈服，θ 角仅能限制在一定的范围内。一般取 θ 角的限制范围为 $\frac{3}{5}\leqslant\tan\theta\leqslant\frac{5}{3}$，相应的纵筋与箍筋的配筋强度比为 $0.36\leqslant\zeta\leqslant2.778\left(\tan\theta=\sqrt{\frac{1}{\zeta}}\right)$。

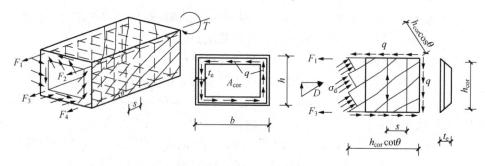

图 1.1　变角空间桁架模型

（3）Лессиг 斜弯破坏模型

苏联的 Н. Н. Лессиг 基于受扭试验于 1959 年提出构件斜弯破坏模型，如图 1.2 所示。构件在扭矩作用下沿着形成螺旋裂缝的空间截面发生破坏，这种裂缝由与构件纵轴成一定角度的受压区闭合，构成一个空间拗曲的破坏面。破坏面的受压区视弯扭比、截面形状和配筋方法的不同可位于构件的侧面、顶面和底面。

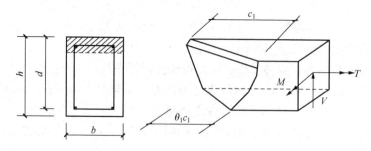

图 1.2　Лессиг 斜弯理论的计算模型

该计算模型对破坏面中和轴（受压区分界线）取内外力矩平衡进行计算，推导极限抗扭强度计算公式时，考虑的内力有与空间截面受拉区相交的纵筋和箍筋的内力及受压区混凝土压力，并假定混凝土压应力达到极限抗压强度，钢筋拉应力达到屈服强度。1962 年，Югин 将破坏面理想化为由三个 45°斜边所围成的破坏面。

（4）Hsu 斜弯破坏模型

美国的 T. T. C. Hsu 通过试验，认为 Лессиг 理论过高地估计了抗扭强度，而且从试验中观察到一些现象，用 Лессиг 理论不能解释，如：

1）低配筋构件的纵筋和箍筋长肢应力到达流限时将引起破坏，按 Лессиг 理论此时箍筋短肢也已受拉屈服，但试验表明此时箍筋短肢拉应力很小，甚至有时出现压应力。

2）Лессиг 假定三面斜拉破坏裂缝与梁纵轴夹角都相同，均为 45°，但试验中发现宽边斜裂缝有的在梁边角部转向并垂直于窄边，因此窄边的裂缝倾角常大于 45°。

3）Лессиг 理论不考虑纵筋销栓作用，然而试验中发现矩形截面角部两个面上的两边裂缝不在同一平面，说明角部纵筋存在着销栓作用。由测定的角部纵筋径向的弯曲应力也可以证实这一点。

4）在极限扭矩下，角部及窄边的裂缝比宽边中部裂缝要宽，说明自由体的旋转轴不一定是 Лессиг 所假定的中和轴。

为此，Hsu 于 1968 年提出一个新的计算模型，如图 1.3 所示，将破坏面理想化，假定它与梁的宽面垂直，并与梁纵轴成 45°倾斜，破坏面不与箍筋短肢相交，将短肢承担的抗扭强度予以忽略，以适应所观察到的箍筋短肢应力较小这一现象。此外，该模型还考虑了混凝土受压区的抗剪强度和纵筋的销栓作用。

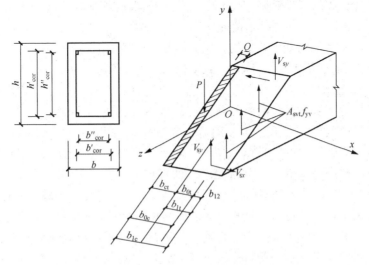

图 1.3 Hsu 斜弯计算模型

按图 1.3 的计算模型，取位于截面中间高度平行于纵轴的一个轴为扭转轴，可由自由体平衡条件，利用内外扭矩的平衡和 y 轴方向力的平衡推出极限扭矩。本计算模型考虑了剪压区混凝土抗剪强度所提供的抗扭强度 T_c，Hsu 通过试验给出了 T_c 值和钢筋的销栓力 V_{sx}、V_{sy}。

（5）Collins 斜压力场计算模型

1973 年加拿大的 D. Mitchell 和 M. P. Collins 进一步发展了空间桁架计算理论[14,15]，还将其应用到预应力混凝土结构中[16]。他们基于薄壁箱形空间桁架计算模型，不仅考虑静力平衡条件，而且注意到几何变形协调关系，将 1929 年 Wagner 研究金属梁压屈后的剪力计算的斜拉力场理论运用到钢筋混凝土构件受扭计算，给出确定压力场角度的协调方程，并假定构件受扭开裂后混凝土不再承受拉力，扭转由一个斜压力场承担。因此，Collins 称其计算方法为斜压力场理论。Collins 首次提出受扭钢筋混凝土构件的协调条件，其推导的协调条件可以用来确定混凝土斜杆的倾角，平均应变条件满足莫尔协调条件。应用莫尔圆的几何条件，可以建立三个协调方程，其模型又称为"莫尔协调桁架模型"。

Collins[17]试图从混凝土保护层剥落、不起作用的假定出发，调整剪力流路线位置，减小混凝土核心面积，以改进古典空间桁架理论过高估计抗扭强度的缺陷。

Collins 斜压力场模型对有效壁厚的取法为，临近极限扭矩时，混凝土抗拉强度降低，箍筋外侧混凝土保护层剥落，因此假设混凝土有效壁厚的外侧在箍筋中心线处；矩形截面梁受扭后截面发生翘曲，在构件表面处压应变最大，且沿壁厚向内呈线性逐渐减小，离构件表面一定距离 t_e 后 ε_d 由压应变变为拉应变，因此受斜压作用的有效壁厚 t_e 位于剥落的外侧混凝土（外侧混凝土的剥落从箍筋中心线算起）和受拉内侧混凝土之间。

（6）Hsu 考虑混凝土软化的斜压力场计算模型

自从 1972 年 Robinson-Demorieux 和 1981 年 Vecchio-Collins 研究了受剪作用开裂后的混凝土应力应变关系后，混凝土的软化性质引起了工程界极大的兴趣和重视，对剪切和扭转问题的认识有了根本性的突破。Hsu 认为如果考虑到混凝土的软化效应，就能够较准确地估算抗扭强度和整个加荷过程中的变形，为此他将混凝土软化的特性引入斜压力场计算模式中，并给出防止超筋、少筋和混凝土保护层剥落的一系列规定，从而形成一种新的计算模式，又称"软化桁架模型[18]"。美国 ACI 318-95 规范和加拿大 CSA A23.3-94 规范中对抗扭构件计算的有关规定均是建立在薄壁管理论和空间桁架理论的基础上[19,20]。

研究结果表明，在构件开裂以前，斜弯理论能够较好地估计构件的抗扭性能，而在构件开裂以后，变角空间桁架理论能够为钢筋混凝土构件的抗剪及抗扭计算提供清晰的概念，并且变角空间桁架理论用于计算扭矩影响较大、含钢量较多的构件较为稳妥；而斜弯破坏计算模型用于扭矩影响较小的构件较为合适。由于对混凝土软化的深入研究，目前对混凝土抗扭机理的分析有统一采用变角空间桁架理论的趋势。

（7）薄膜元桁架模型

以上三种桁架模型（平衡桁架模型、莫尔协调桁架模型和软化桁架模型）都涉及开裂角的基本假定，它不是由试验精确确定的。这些理论假定薄膜元中裂缝的方向与开裂后混凝土主应力或主应变的方向相重合。实际上，第一条裂缝的方向由开裂前主应力的方向确定。一般说来，这两个方向是不同的。随着荷载的增加，裂缝沿越来越发散的方向逐渐开展，而这一系列裂缝的方向可以看作是"旋转"的。因此，这三种桁架模型被归类为转角理论，考虑了转角的软化桁架模型则被称为"转角软化桁架模型"。

转角理论的三种模型有一个共同的弱点，即它们不能描述所谓"混凝土的贡献"。试验已表明，薄膜元的抗剪强度由两部分组成，即属于钢筋的主要部分和属于混凝土的次要部分。由于剪应力中属于混凝土的贡献是显然的[21-23]，于是，为了考虑"混凝土的贡献"，Pang 和 Hsu[24] 在 1996 年建立了一种"定角软化桁架模型"，这一桁架模型对于转角 $33°<\alpha<57°$ 和超出这一范围的受扭破坏也是适用的。

这种模型满足二维应力平衡条件、莫尔应变协调条件和混凝土的双轴软化本构关系，它不仅能预估薄膜元的强度，而且能表达荷载-变形关系的全过程。

1.2.2　国内研究状况

我国自 20 世纪 70 年代起，加强了对结构受扭的重视，并成立了钢筋混凝土受扭科研专题组，对构件受扭性能进行了系统的研究，对钢筋混凝土构件在纯扭、弯扭、弯剪扭、压扭、预应力扭等情况下的裂缝发展、破坏特性和极限强度等进行了探索，并取得了丰硕的成果。

空间桁架理论在我国得到广泛的应用，同济大学张誉等[25]以变角桁架模型为基础，考虑混凝土的软化，对钢筋陶粒混凝土纯扭性能的全过程分析做了尝试。文献 [26] 则以斜弯破坏理论为基础，考虑混凝土的软化，对剪扭构件做了全过程分析，得出和试验结果较一致的结论。天津大学康谷贻等[27]对轴压扭、弯扭、剪扭等构件做了大量的试验研究，西安建筑科技大学和青岛建筑工程学院卫云亭、张连德等[28-31]对偏压剪扭等构件进行了大量的试验研究，并以空间桁架理论为基础，考虑混凝土的受压软化，对受扭构件进行了全过程分析，指出当构件破坏时，纵筋和箍筋必须屈服或接近屈服，对于具有裂缝且裂缝基本形成的纯扭和压扭构件以及发生扭型破坏的弯扭和弯剪扭构件，空间桁架理论能给出较准确的计算结果。其中，纯扭、轴压扭、弯扭、弯剪扭研究成果主要

反映在《混凝土结构设计规范》（GB 50010—2010)[32]（以下简称《规范》）和
《建筑抗震设计规范》（GB 50011—2010)[33] 中，对相关的设计有了一些明确的
规定。

（1）纯扭构件

考虑到混凝土既非弹性材料又非理想塑性材料，而是介于二者之间的弹塑
性材料，利用塑性力学理论，可求得开裂扭矩 T_{cr} 的公式为

$$T_{cr} = 0.7 f_t W_t \tag{1.1}$$

钢筋混凝土纯扭构件强度可分为混凝土抗扭作用和钢筋抗扭作用两部分，
一般的计算公式为

$$T = 0.35 f_t W_t + 1.2 \sqrt{\zeta} f_{yv} \frac{A_{st1} A_{cor}}{s} \tag{1.2}$$

（2）压扭构件

试验研究表明，轴向压力对纵筋应变的影响十分显著；由于轴向压力能使
混凝土较好地参加工作，同时又能改善混凝土的咬合作用和纵向钢筋的销栓作
用，因而提高了构件的受扭承载力。《规范》中考虑了这一有利因素，它对受扭
承载力的提高值偏安全地取为 $0.07 \frac{N W_t}{A}$。

$$T = 0.35 f_t W_t + 1.2 \sqrt{\zeta} f_{yv} \frac{A_{st1} A_{cor}}{s} + 0.07 \frac{N}{A} W_t \tag{1.3}$$

当轴压比 $n = \frac{N}{f_c A} > 0.3$ 时，取 $N = 0.3 f_c A$。

（3）剪扭构件

无腹筋剪扭构件试验表明，无量纲剪扭承载力的相关关系可取四分之一圆
的规律。对有腹筋剪扭构件，假设混凝土部分对剪扭承载力的贡献与无腹筋剪
扭构件一样，也可取四分之一圆的规律，并以此相关曲线作为校准线，采用混
凝土部分相关、钢筋部分不相关的近似规律，推出剪扭构件混凝土受扭承载力
降低系数 β_t，采用此值后与无腹筋构件的四分之一圆相关曲线较为接近。《规
范》中的公式为

$$T = 0.35 \beta_t f_t W_t + 1.2 \sqrt{\zeta} f_{yv} \frac{A_{st1} A_{cor}}{s} \tag{1.4}$$

（4）弯扭构件、弯剪扭构件

处于弯矩、剪力和扭矩共同作用下的钢筋混凝土构件，其受力状态是十分
复杂的，构件的破坏特征及其承载力与所作用的外部荷载条件和构件的内在因
素有关。试验表明[34]，在配筋适当的条件下，随着扭弯比和扭剪比的不同，弯
剪扭共同作用下的钢筋混凝土构件受压塑性铰线可能发生于顶壁、底壁及侧壁
（在这个侧面上，剪力和扭矩产生的主应力方向是相反的），相应的空间截面破

坏类型为Ⅰ、Ⅱ、Ⅲ，见图1.4。

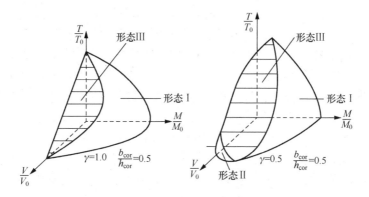

图1.4　弯剪扭承载力相关曲面

由已知的构件截面尺寸、配筋及材料强度可以求得构件的纯弯、纯剪及纯扭强度 M_0、V_0、T_0。当表示荷载效应特征的扭弯比和扭剪比已知时，可求得三种破坏形态的极限扭矩。

（5）压弯剪扭构件

对于弯扭构件，我国混凝土抗扭性能的研究大多采用"叠加法"配置弯扭构件纵筋，一定程度上反映了弯扭强度相关性，设计简单且偏于安全。但由于弯扭构件中纵筋既要承受弯矩又要承受扭矩，对于某个纵筋配筋数量及方式已知的构件来说，其抗弯强度和抗扭强度就必然具有相关性。随着截面上部和下部纵筋数量的比值、截面高宽比、纵筋与箍筋强度比以及沿截面侧边纵筋配置数量的不同，这种相关性及其具体变化规律也是不同的。对偏压扭、偏压剪单调及反复扭构件设计规范没有做出规定，对高强混凝土复合受扭则引用了同高强混凝土抗剪相同的混凝土强度降低系数来反映高强混凝土的影响。

（6）普通混凝土和高强混凝土偏压剪构件

对于普通混凝土和高强混凝土压弯剪扭复合作用的构件，近几年来，国内外进行了一些研究，但是由于混凝土是一种非均质的弹塑性材料，其内力分布较为复杂，计算理论和计算方法还有待进一步完善。试验表明，偏压剪构件在小扭矩作用下，斜裂缝首先在剪应力叠加面出现，随着荷载的增加，裂缝向弯曲受拉面及受压面延伸发展，剪应力相减面上裂缝出现得最晚。试件各面上斜裂缝与构件轴线间倾角从大到小的排列顺序基本上遵循从弯曲受拉面、剪应力相减面、剪应力叠加面到弯曲受压面的顺序。当相对偏心距较小或箍筋较少时，在达到极限荷载时，纵筋没有达到极限屈服应变；随着荷载的增加，箍筋的拉应变增大，在接近或达到极限荷载时，剪应力叠加面上的箍筋首先达到极限屈服应变，随后弯曲受压或受拉面上的箍筋相继达到屈服应变，但构件破坏时，剪应力相减面上的箍筋未达到屈服应变。分析得出，延性系数与扭剪比之间似存在一临界值，扭剪比小于临界值时，延性随扭剪比增大而降低；扭剪比大于临界值时，延性随扭剪比增大而提高；当扭剪比等于临界值时，构件的极限扭角与屈服扭角最相近，延性最差。当其他因素不变时，在轴压比较低时，二者的规律不很明显，轴压比较大（大于0.3）时，随轴压比增加，延性降低，且下降渐趋平缓。当轴压比大于0.3时，延性随相对偏心距增大而降低[25,26]，当轴压比为0.2时，延性值随相对偏心距的增大而略有增加。忽略弯曲作用，文献[35]、[36]推导出弯压、剪、扭共同作用下构件的开裂扭矩计算公式，通过回归公式得到实用计算公式，试验值与计算值符合较好。对于强度等级较低的混凝土试件，计算值偏低；对于强度等级较高的试件，计算值偏高。偏压剪构件在反复扭矩作用下，一般裂缝较直，倾角较小，混凝土压酥标志着构件达到破坏，达极限扭矩时箍筋屈服而纵筋未屈服。构件的开裂扭矩较高，但开裂后很快就达到极限扭矩，随着循环次数的增加，承载能力迅速下降，脆性活动性质较为明显。其破坏形态有弯扭型破坏、弯型破坏和压扭型破坏。

试验研究表明，高强混凝土纯扭构件的破坏形态和破坏机理与普通混凝土构件基本相同，但高强混凝土构件的斜裂缝较陡，钢筋应力的不均匀性较大，脆性破坏特征更明显，通过47个高强混凝土纯扭试件的试验结果与132个普通混凝土的构件试验结果相比，两者比较接近。因此，高强混凝土纯扭构件的受扭承载力计算公式采用与普通混凝土纯扭构件相同的计算公式。对于一般荷载作用和集中荷载作用的矩形高强钢筋混凝土剪扭构件的受扭承载力，通过11个高强混凝土剪扭构件的试验结果统计，认为用普通混凝土的剪扭承载力公式所得结果是偏于安全的。

对于在轴向压力、弯矩、剪力、扭矩共同作用下的矩形钢筋混凝土框架柱的承载力计算办法，由于试验资料的不足，权宜之计是，以有筋构件的剪扭相关关系为四分之一圆曲线作为校正线，同样采用混凝土部分相关、钢筋不相关等手法建立计算公式，所建立的公式与部分试验结果对比偏于安全。

1.3　本书的研究背景和研究目的

1.3.1　复合受力构件的受扭行为

在建筑结构中，结构处于受扭的情况不少，但是处于扭矩单独作用下的情况则不多，大多都是复合受扭。例如，桥梁、吊车梁、框架边梁、地震作用下的角柱、屋架及托架上弦、托梁、各种环梁、电杆……都是处于弯矩、剪力和扭矩共同作用下的复合受扭，钢筋混凝土复合受扭构件的研究受到了更多的重视。

以前的结构设计中，由于采用普通钢筋混凝土结构，构件的截面尺寸较大，相对于弯矩、轴力和剪力来讲，扭矩属于次要因素，往往可以忽略其影响或者采用简单保守的计算方法和构造措施来处理。但随着建筑科技的进一步发展和材料强度的进一步提高，结构的高度越来越高，构件的尺寸越来越小，结构跨度越来越大，由于结构可靠性的提高而对结构计算理论的要求也越来越高，钢筋混凝土及高强钢筋混凝土复合受力构件的受扭行为和设计方法研究的必要性突显。

1.3.2 抗震设计理论中复合受力构件的抗扭性能

扭转效应是引起建筑物地震破坏的重要因素之一，因而扭转问题一直是结构抗震领域研究的重要课题。由于结构地震反应的平-扭耦联振动是三维空间动力反应问题，结构试验研究受到试验规模和数量的限制，因而主要依靠结构动力分析手段对其进行计算机模拟分析研究。对于不规则结构，我国目前事实上只能做到一阶段设计，我国现行规范中有关抗扭设计的方法在设防地震和罕遇地震作用下的效果到底如何，有待通过三维非线性地震反应模拟给出一些定量的分析。

地震区的钢筋混凝土结构在地震作用下发生平-扭耦合转动一直是地震灾害的主要原因之一，近年来的阪神地震、台湾集集地震、伊朗地震等震害调查表明，复合受扭构件的破坏成为导致结构破坏的主要因素之一。目前的抗震规范采用的是二阶段设计方法，即小震作用下的截面强度验算和大震作用下的弹塑性变形验算。对于弹塑性变形的计算规范给出了两种方法：一种是简化方法，采用将规定地震作用下的弹性变形乘以放大系数的方法来估计层间弹塑性侧移，该方法的适用范围是不超过 12 层且层刚度无突变的框架结构、填充墙框架结构及单层钢筋混凝土柱厂房；对于超过 12 层的建筑和甲类建筑则要采用时程分析法计算。而规范给出的简化方法也是通过大量时程分析计算，对计算结果回归得到的，所以实质上还是时程分析法。采用时程分析法研究混凝土结构的弹塑性地震反应是非常必要的。作为结构弹性地震反应分析的基础，首先需要研究混凝土构件的滞回性能，确定出混凝土构件滞回曲线的模型，这包括给出滞回曲线模型的形状和模型中各参数的简化计算公式。以前人们曾对混凝土的滞回性能做过一些研究，给出了水平振动时程分析需要的弯矩和曲率之间的关系，但没有给出扭转振动下复合受扭构件的扭矩-扭转角滞回曲线的模型。采用试验研究和数值分析的方法研究复合受扭混凝土构件的滞回性能，并确定其滞回曲线的模型，不仅对深入研究复合受扭混凝土结构的受扭性能具有重要的理论意义，同时对抗震设计有着重要的实用价值。

复合受扭构件是地震作用下破坏较为严重的构件，有时会引起整个结构的严重破坏，甚至倒塌。用合理的力学模型模拟压弯剪扭作用下构件的受力机理，分析各影响因素对构件扭剪强度和变形的影响，是解决扭剪问题的重要指导思想之一。人们以前对强度问题的研究主要是基于试验研究和前述的各种机理，但在复合受扭更进一步对强度和变形的研究中，应综合考虑复杂应力状态和裂缝开展情况，建立概念清楚的力学模型模拟其受力机理，结合软化的应力-应变关系，在满足平衡条件和变形协调条件的基础上，量化各种受力情况之间的相关关系，以期详细分析受力变形全过程中的受扭性能，特别是揭示性能本质的统一强度理论和变形。

1.3.3　高强混凝土复合受力构件受扭行为的试验研究

自 20 世纪 80 年代末以来，随着混凝土材料强度的提高及高层建筑、大跨结构的大量兴起，国内学者开始对高强混凝土构件复合受扭进行试验和理论研究，分别进行了纯扭、剪扭、弯剪扭一系列构件的研究，对构件的刚度及工作性能进行了探讨，但是对高强混凝土压弯剪单调扭及复合扭、双向压弯剪单调扭和复合扭等构件的研究尚未有公开的报道。

高强混凝土由于其抗压强度高、耐久性好而在高层建筑等领域得到了广泛应用，但是其脆性较大，这使高强混凝土与普通混凝土结构在抗震性能和受力特性上有较大的区别。为了安全有效地使用高强混凝土结构，必须研究高强混凝土框架柱的复合受力性能，特别是受扭性能。对普通混凝土结构而言，构件的弯扭、剪扭、弯剪扭等复合受扭动承载力的设计方法在《混凝土结构设计规范》《建筑抗震设计规范》中已有规定，但对高强混凝土框架柱是否适合、是否合理，需加大试验研究的数量和研究的范围。尤其是对高强混凝土框架短柱，其抗震性能比普通混凝土框架柱差，所以有必要对其抗震性能进行研究。

高强混凝土和普通混凝土存在的差异，导致高强混凝土在诸如正截面、斜截面强度等力学性能上与普通混凝土存在差异，这是需要试验研究的。现行混凝土结构设计规范中的计算公式和条款，是建立在以往较低强度混凝土试验基础上的，对于高强混凝土构件而言，这些公式和条款是否具备适用性也是值得研究的课题。目前，国内外对高强混凝土的研究主要集中在两个方面：在高强混凝土材料方面，主要着重于高强混凝土的物理力学性能的研究，配合比及活性掺合料等对高强混凝土质量的影响，高强混凝土的耐久性和抗渗、抗裂性能研究等；在高强混凝土结构构件的受力性能方面，多着重于高强钢筋混凝土梁的刚度、抗裂性能的研究，高强混凝土无腹筋梁的抗剪强度及疲劳抗剪强度的研究，高强钢筋混凝土压弯剪构件受剪承载力的研究以及自密实高性能混凝土梁的抗剪性能的研究等。对高强钢筋混凝土柱，仍着重于箍筋约束短柱的受力性能，高强钢筋混凝土柱的轴压、偏压、压剪以及弯剪性能等，而对高强钢筋混凝土框架柱复合受扭性能的研究十分缺乏，只有少量文章报道了高强钢筋混凝土弯剪扭构件的剪扭工作性能，高强混凝土偏压弯剪构件抗扭性能的研究尚属空白。

1.4 主要研究工作

鉴于钢筋混凝土结构复合受力构件受扭行为、抗震性能和设计方法研究的重要性和实际意义，本书采用理论分析和试验研究相结合的方法，结合我国的实际情况，拟主要进行以下几个方面的研究：

1) 为了研究普通钢筋混凝土双向压、弯、剪构件在反复扭矩作用下的受力性能，本文模拟地震作用下的钢筋混凝土框架角柱，通过对 9 根试件的低周反复试验，探讨钢筋混凝土双向压、弯、剪构件在反复扭矩作用下的裂缝发展规律和破坏特征，分析轴压比、相对偏心距等影响因素对双向偏压剪扭构件在反复扭矩作用下的抗扭性能的影响，分析双向偏压剪构件在反复扭矩作用下的承载能力、延性、耗能能力和滞回特征，并根据试验研究结果的分析，拟提出双向偏压剪框架柱在反复扭矩作用下的恢复力模型及承载能力计算公式。

2) 如前所述，目前国内外对于高强混凝土复合受扭构件的研究甚少，而对高强混凝土单向（双向）压、弯、剪、扭构件的研究尚属空白，因此本文通过对 14 根高强混凝土单向（双向）压、弯、剪、扭构件的试验研究，探讨高强混凝土压、弯、剪构件在单调扭矩作用下的裂缝发展规律和破坏特征，分析轴压比、相对偏心距、偏心角、纵筋与箍筋的配筋强度比等参数的变化对高强混凝土压、弯、剪构件在单调扭矩作用下的抗扭性能的影响，提出高强混凝土单向（双向）压、弯、剪、扭构件的剪扭承载力相关关系。对以上各问题与普通混凝土复合受扭情况下的区别和原因进行分析；总结前人研究成果，比较复合受扭情况下混凝土的强度等级对构件抗扭性能的影响；探索构件复合受扭情况下高强混凝土和普通混凝土的强度计算统一公式。

3) 通过 9 个高强混凝土、3 个高性能混凝土框架柱在压弯剪反复扭复合受力下的足尺结构试验，首次了解高强混凝土压弯剪构件在反复扭矩作用下的破坏过程、破坏形态和破坏特征，分析其破坏机理以及在破坏特征、延性、强度、刚度耗能能力、滞回特性等方面的性能，对轴压比、相对偏心距参数变化对压弯剪反复扭构件抗扭性能的影响加以分析。根据试验研究，对比分析普通混凝土反复受扭构件与高强混凝土压弯剪试件在反复扭矩作用下的抗震性能，提出高强混凝土在压弯剪扭作用下的恢复力模型。推导高强混凝土试件复合受扭下的强度和刚度计算公式，为《规范》制定有关复合受扭结构抗震设计计算方法及构造措施提供依据。

4）有限元理论有可能解决大量经典理论无法解决的复杂工程问题和物理学问题，有限单元法被公认为是应力分析的最有效工具而得到普遍的重视。用有限元方法来分析弯压剪扭复合受力下的钢筋混凝土结构的非线性性能，是复合受扭性能研究的有力工具。针对项目研究的特点，本书也采用有限元非线性分析方法对弯压剪扭复合受力下的钢筋混凝土结构的非线性性能进行分析研究。在建立钢筋混凝土的有限元模型时，混凝土采用的单元为八节点六面体等参单元。钢筋单元分为两种情况，纵向钢筋采用分离式钢筋单元，箍筋采用埋藏式钢筋单元，即箍筋作为附着在混凝土等参数单元内或单元上的"膜单元"。混凝土本构关系和破坏准则采用混凝土边界面模型。该模型是一种功能较强的模型，可以用于混凝土三向受力的情况，采用损伤概念来反映混凝土连续性刚度退化现象和非线性性能，把材料参数与混凝土的一些物理现象组合在一起，使得这种模型应用于混凝土三向循环受压时与试验结果的一致性和计算上的困难得以解决。该模型可以模拟混凝土受力后的各种特性，如混凝土的非线性应力-应变关系，循环荷载作用下的刚度退化现象，剪力引起的混凝土的压缩和膨胀现象及超过强度极限的应变软化现象等，且这种模型的最大优点是表达形式简单，模型参数比较容易确定，便于应用。基于混凝土在压、弯、剪、扭复合受力作用下的情况，需要对这种结构在各种荷载情况下的内力变形状况和破坏性状进行较为精确的分析，本书将采用边界面模型对混凝土复合受力性能进行非线性分析。

5）过去对钢筋混凝土受扭构件的研究，较多的是着重于极限状态的强度问题，而对构件受力后的内力与变形关系研究得很不够。由于钢筋混凝土受扭构件在荷载作用下实际上属于非弹性的空间受力状态，尤其在开裂后发生内力重分布，其内力与变形的关系更为复杂。本文通过已有的试验研究确定确切的材料本构关系，考虑构件受力后变形协调条件和材料非线性特性，利用薄膜元软化桁架模型理论，对承受以扭矩为主的钢筋混凝土复合受扭构件非线性性能进行全过程分析，并与以上几个方面的复合受扭试验研究结果进行对比分析，一方面验证薄膜元理论中在高强混凝土复合受扭构件计算中的正确性，另一方面有助于了解构件在整个受扭状态下的内力与变形的特性，从而帮助我们加深对构件受扭后工作机理的认识，改进试验研究方法和推动理论研究。

6）承载能力和变形性能的研究是为了解决工程实际中复合受扭构件的设计和构造问题，鉴于压弯剪扭构件受力行为的复杂性，利用斜弯破坏理论等来计算极限扭矩是非常困难的，本书基于大量的试验研究和结果分析，将单向加载、反复加载、单向受扭、反复受扭、普通混凝土、高强混凝土构件用基于空间桁架模型的统一理论来描述，得出了反映复合受扭受力行为的强度相关关系。该统一理论能较好地描述复合受扭构件各方面的受力性能，包容性较强。在该理论的基础上，得出了复合受扭构件承载能力的计算公式，概念清楚，公式简单，符合设计人员的设计习惯，更加真实地反映了此类构件的受力行为和承载能力。

1.5 本书研究内容的来源

我国目前处于地震重现的活跃期，由于经济发展水平的关系，在地震区建设钢筋混凝土结构的房屋还相当普遍。近几年来，国内外普通和高强钢筋混凝土复合受扭构件受扭行为研究的发展状况，不仅考虑强度问题，而且注意到变形和刚度的分析，研究向复合受扭的方向发展。从各国混凝土设计规范和抗震设计规范的修订动向来看，复合受扭构件设计方法采用统一模型和统一理论是大的趋势。因此，我国应全面、深入地开展钢筋混凝土复合受力构件受扭行为和设计方法的研究。鉴于此，本书所依托的课题得到了山东省自然科学基金、山东省优秀中青年学术骨干基金、陕西省重点实验室（西安建筑科技大学结构实验室）高级访问学者基金和国家自然科学基金的资助。

参 考 文 献

[1] T T C Hsu. Torsion of Structural Concrete-Behavior of Concrete Rectangular Section [J]. Torsion of Structural Concrete, 1968.

[2] G S Pandit, M B Mawal. Test on Short Columns in Torsion [J]. The Indian Concrete Journal, 1972 (11).

[3] P Zia, W D McGee. Torsion Design of Prestressed Concrete [J]. Journal of PCI, 1974, 19 (2): 46-65.

[4] T T Hsu, K T Burton. Design of Reinforced Concrete Spandrel Beams [J]. Journal of the Structural Division, 1974 (1): 209-229.

[5] B Kuyt. A Method for Ultimate Strength Design of Rectangular Reinforced Concrete Beams in Combined Torsion, Bending and Shear [J]. Magazine of Concrete Research, 1972, 24 (78): 15-24.

[6] 殷芝霖, 张誉, 王振东. 抗扭 [M]. 北京: 中国铁道出版社, 1990.

[7] Н Н Лессиг. Опредедение Несущей Способности Жедезобетонных Эдементов Прямоугольдного Сечения Работаюшпх Эдементов Жедезобетонных Конструкпий [R]. 1959.

[8] T T C Hsu. Torsion of Structural Concrete-A Summary on Pure Torsion [J]. ACI Special Publication, 1968 (18).

[9] P Lampert, B Thürlimann. Torsion Sversuche an Stahlbetonbalken [R]. Bericht No. 6506-2, 1968.

[10] B Thürlimann. Torsion Strength of Reinforced and Prestressed Concrete Beams [J]. CEB Approach, 1979.

[11] T T C Hsu, Y L Mo. Softening of Concrete in Torsional Members - Theory and Tests [J]. Journal of ACI, 1985, 82 (3): 290-303.

[12] T T C Hsu, Y L Mo Softening of Concrete in Torsional Members - Design Recommendations [J]. Journal of ACI, 1985, 82 (4): 443-452.

[13] T T C Hsu, Y L Mo. Softening of Concrete in Torsional Members-Prestressed Concrete [J]. Journal of ACI, 1985, 82 (5): 603-615.

[14] D Mitchell, M P Collins. Behavior of Structural Concrete Beams in Pure Torsion [R]. Publication No. 74-06, University of Toronto, 1974.

[15] M P Collins, D Mitchell. Shear and Torsion Design of Prestressed and None Prestressed Concrete Beams [J]. Journal of PCI, Sept/Oct, 1980, 25 (5): 32-100.

[16] M P Collins, D Mitchell. Prestressed Concrete Structures [M]. Englewood Cliffs: Prentics Hall Inc., N. J., 1991.

[17] K N Rahal, M P Collins. Effect of Thickness of Concrete Cover on Shear-Torsion Interaction-An Experimental Investigation [J]. ACI Structural Journal, 1995, 92 (3): 334-342.

[18] T T C Hsu. Softened Truss Model Theory for Shear and Torsion [J]. ACI Structural Journal, 1988, 85 (6): 624-635.

[19] Committee 318 American Concrete Institute (ACI). Building Code Requirements for Reinforced Concrete (ACI318-95) and Commentary- (ACI318 R-95) [S]. Detroit, Mich., 1995.

[20] Canadian Standards Assoiation (CSA). Design of Concrete Structures for Buildings [S]. Standard A23. 3-94, Rexdale, Ont, 1994.

[21] S Dei Poli, P G Gambarova, C Karakoc. Aggregate Interlock Role in R. C. Thin Webbed Beams in Shear [J]. Journal of Structural Engineering, 1987, 113 (1): 1-19.

[22] S Dei Poli, M Di Prisco, P G Gambarova. Stress Field in Web of R. C. Thin Webbed Beams Fail in Shear [J]. Journal of Structural Engineering, 1990, 116 (9).

[23] H Kupfer, H Bulicek. A Consistent Model for the Design of Shear Reinforced Concrete in Slender Beams with I-or Box-Shaped Cross Section, Concrete in Earthquake [M]. New York: Elsevier Science Publishers, 1992.

[24] X P Pang, T T C Hsu. Behavior of Reinforced Concrete Membrane Elements in Shear [J]. Structural Journal of the American Concrete Institute, 1995, 92 (6): 665-679.

[25] 张誉, 陈斌. 钢筋陶粒混凝土受扭构件全过程分析 [J]. 同济大学学报, 1982 (3): 72-85.

[26] 张誉, 黄郁莺. 钢筋混凝土构件在扭剪组合荷载下的非线性全过程分析 [J]. 同济大学学报, 1985 (4).

[27] 丁金城, 康谷贻, 王士琴. 轴力作用下钢筋混凝土构件扭转性能全过程分析 [J]. 建筑结构学报, 1987 (1): 1-10.

[28] 卫云亭, 张连德. 钢筋混凝土双向偏压方柱的抗扭强度 [J]. 建筑结构, 1991, 21 (1): 19-25.

[29] 张连德, 王泽军. 钢筋混凝土偏压扭构件非线性全过程分析 [J]. 建筑结构学报, 1990, 11 (2): 16-27.

[30] 张连德, 卫云亭. 钢筋混凝土偏压扭构件抗扭强度的研究 [J]. 建筑结构学报, 1991, 12 (4): 11-21.

[31] 刘继明, 孙黄胜, 张连德. 钢筋混凝土双向偏压剪构件在反复扭矩作用下受扭性能试验研究 [J]. 建筑结构学报, 2001, 22 (3): 48-53.

[32] 中华人民共和国国家标准. 混凝土结构设计规范 (GB 50010—2010) [S]. 北京: 中国建筑工业出版社, 2010.

[33] 中华人民共和国国家标准. 建筑抗震设计规范 (GB 50011—2010) [S]. 北京: 中国建筑工业出版社, 2010.

[34] 抗扭专题组. 弯、剪、扭共同作用下钢筋混凝土构件的强度 [J]. 建筑结构学报, 1989 (5).

[35] 赵嘉康. 钢筋混凝土压弯剪扭构件受扭性能研究 [D]. 西安: 西安建筑科技大学, 1993.

[36] 林咏梅. 钢筋混凝土双向压、弯、剪构件在单调扭矩作用下抗扭性能的研究 [D]. 西安: 西安建筑科技大学, 1994.

第2章　普通钢筋混凝土在反复 扭矩作用下的试验研究

2.1　概　　述

钢筋混凝土框架角柱和屋架上弦在地震作用下即属于双向偏压剪扭复合受力构件，震害调查表明，这种复合受扭构件在扭矩不大的情况下即可发生扭型脆性破坏。

近年来，国内外许多学者对钢筋混凝土构件的扭转进行了大量的研究，从理论上逐步建立了斜弯破坏理论[1]、空间桁架理论[2,3]、斜压场理论[4]和基于混凝土软化的斜压力场理论[5-7]，并且随着试验研究的深入，理论得到了不断的完善。

在现实工程中，承受纯扭作用的钢筋混凝土构件几乎是没有的，大多数构件都是处于弯矩、剪力和扭矩的共同作用，它的承载能力计算是一个带裂缝的空间受力问题。近年来，国内外在这方面进行了大量的研究，但是由于混凝土是一种非均质的弹塑性材料，其内力分布较为复杂，承载能力计算至今没有一种较理想的方法。在混凝土复合受扭构件开裂以前的应力分析中，一般从材料力学的角度出发，有薄膜比拟的弹性理论，有沙堆比拟的塑性理论等。E. Rausch、Bach 和 Graf 的古典空间桁架理论[8]将开裂后的配有纵筋和箍筋的混凝土受扭构件设想为一个中空的管形构件，管壁混凝土沿45°裂缝倾角形成一个螺旋形构件，与纵筋、箍筋组成一个空间桁架，通过管壁上的环向剪力流抵抗外扭矩。古典桁架理论认为混凝土斜杆倾角为45°，而 Lampert 和 Thürlimann 的变角空间桁架理论认为混凝土斜杆倾角可变，并指出混凝土压杆倾角 θ 可以通过给定的纵筋屈服力和箍筋屈服力的相对大小确定。1979 年，Thürlimann 对变角空间桁架理论作了进一步的阐述[9]，将抗扭、抗剪的机理统一到一个计算模型上。Collins 等[10]则从混凝土保护层剥落不起作用的假定出发，调整剪力流路线位置，减小混凝土核心面积，以改进古典空间桁架理论过高估计抗扭强度的缺陷，他基于薄壁箱形空间桁架计算模型，不仅考虑静力平衡条件，而且注意到几何变形协调关系，假定构件开裂后混凝土不再承担拉力，核心混凝土退出工作，扭矩由混凝土斜压杆的切向分量组成、沿箱形截面周边分布的剪力流来承担，斜压力仅作用在有效壁厚上，但混凝土斜压力并非均匀作用在有效壁厚上，而是具有一定的几何关系。1985 年 T. T. C. Hsu 连续发表了三篇关于混凝土"软化"的文章，认为如果考虑到混凝土的软化效应，就能较为准确地估计构件的抗扭强度和整个加荷过程中的变形，为此，他将混凝土软化的特性引入斜压场计算理论中。Лессиг 的斜弯理论认为受扭构件三面受拉、一面受压，形成空间弯曲破坏面。该理论考虑与空间截面相交的纵筋和箍筋的内力和受压区的混凝土压力，假定混凝土压力达到极限抗压强度，纵筋和箍筋的拉应力达到抗拉屈服强度，对破坏面中和轴取矩，根据平衡条件推导出抗扭极限强度计算公式。斜弯理论在混凝土构件开裂之前能较好地估计构件的抗扭反应，在构件开裂以后，变角空间桁架理论能够为钢筋混凝土构件的抗扭和抗剪计算提供清晰的理论概念，可适用于各种形状的截面。

实际工程中往往存在上柱齐下柱一边或两边变截面，造成上、下柱偏心，楼面梁布置于柱形心，造成梁柱偏心，这种单向或双向偏心在扭矩作用下就形成了双向偏压、剪、扭的复合受力状况，这种受力状况在单调荷载的情况已有部分研究的成果[11,12]，但在反复扭矩作用及地震荷载作用下的研究则很少。本章将通过 9 根承受双向压、弯、剪和反复扭矩构件的试验研究，以轴压比和相对偏心距为主要研究参数，分析钢筋混凝土构件在双向偏压剪、反复扭矩作用下的破坏特征、开裂扭矩、刚度、强度、延性等特性和耗能性能，从而确定其开裂承载能力、极限承载能力及变形性能。

2.2　试　验　设　计

2.2.1　构件模型设计及相似关系

结构构件模型设计就是以所要研究的结构构件为原型，运用模拟相似理论确定各有关物理量的缩小比例，并按此比例进行模型的设计和制作，然后对模型结构构件进行规定的加载试验并量测其反应，最后根据模型反应的情况推断原型构件的反应。

在建筑结构模型试验中，相似理论主要涉及模型与原型的尺寸比例、材料性质、荷载关系以及结构构件反应[13]。对于结构的静力试验、抗震中的伪静力模型试验，根据相似原理，应满足以下相似条件：

1）物理条件相似，即模型与原型之间的应力应变的关系相同。

2）几何条件相似，即要求模型与原型之间各相应部分的长度成比例。

3）边界条件相似，即要求模型与原型之间在边界连接处的各种条件保持相似，包括支承条件、约束条件、受力条件。

对于理想的弹性材料，上述相似条件根据弹性力学中的物理方程进行变换可得到模型与原型的物理相似关系，根据构件的长度、位移、应变三个物理量之间的关系可得到几何相似条件，加之模型基本上是以实际工程设计尺寸制作，虽说由于试验条件、材料的非弹性性能及经济技术上的原因，模型与原型不可能实现完全的一致，但在构件设计中根据实际情况所作的一些简化，也为结构试验所认可。

2.2.2　试件制作

本次试验的模型构件是一钢筋混凝土柱，模拟地震时承受双向压、弯、剪和低周反复扭矩的作用，主要研究参数为轴压比、相对偏心距。

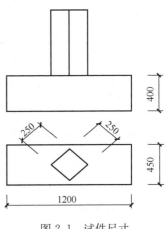

试件设计参照《混凝土设计规范》和《建筑结构抗震设计规范》的要求，根据加载方案，要求试件在扭转破坏之前不先发生弯曲破坏和剪切破坏。柱顶为自由端，柱底部为嵌固端。为了确保柱底部为固定端，试件的底部横梁设计的相对刚度较大，外形尺寸为 400mm × 450mm × 1200mm。试件截面尺寸为 $b \times h = 250$mm × 250mm，柱高为 $L = 740$mm，柱顶面以下 160mm 加载扭矩套箍，用以施加压、弯、剪、扭作用。为了避免长柱的影响，柱长度 $L_0 = 660$mm，设计柱长细比为 $L_0/h = 660 \times 2/250 = 5.28$。试件见图 2.1。

图 2.1　试件尺寸

试件取轴压比 $\sigma/f_c = 0.2 \sim 0.4$，双向相对偏心距分别为 $e_{0x}/b_0 = 0.2 \sim 0.4$，$e_{0y}/h_0 = 0.2 \sim 0.4$，偏心角 $\alpha = 45°$。对称配筋，钢筋采用逐类取样并进行拉伸试验以测定其力学性能。纵筋为 4Φ16，$f_y = 359.33$N/mm²，$E_{sl} = 1.75 \times 10^5$N/mm²；箍筋为 Φ6.5@70，$f_{yv} = 469.88$N/mm²，$E_{sv} = 1.63 \times 10^5$N/mm²；套帽顶端 160mm 范围内箍筋加密为 Φ6.5@40，箍筋净保护层厚为 15mm。其中，R4-2 试件 $f_y = 377.10$N/mm²，$E_{sl} = 1.66 \times 10^5$N/mm²，$f_{yv} = 451.8$N/mm²，$E_{sv} = 1.57 \times 10^5$N/mm²。

混凝土设计强度等级为 C25，采用 425# 普通硅酸盐水泥制作，混凝土的重量配合比为水泥：砂子：石子：水 = 1：1.55：2.62：0.48。采用木模板制作，人工搅拌，高频振捣棒振捣。全部试件分五批制作，每批均预留同条件养护标准试块一组，试验前用以测定混凝土的力学指标。整批试件共制作了 9 个，其中一个试件在开裂后由于施加双向扭矩失控而过早破坏，在此剔除，有效试件为 8 个。各试件参数及钢筋和混凝土的力学指标见表 2.1。

表 2.1　试件参数

试件编号	研究参数			混凝土强度		Φ16 纵筋		Φ6.5 箍筋	
	$\dfrac{\sigma}{f_c}$	$\dfrac{e_{0x}}{h_0}$	$\dfrac{e_{0y}}{h_0}$	$f_c/$ (N/mm²)	$f_t/$ (N/mm²)	$A_l/$ mm²	$f_y/$ (N/mm²)	$s/$ mm	$f_{yv}/$ (N/mm²)
R2-2	0.2	0.14	0.14	30.66	3.06	804	395.33	70	469.88
R2-3	0.2	0.21	0.21	30.66	3.06	804	395.33	70	469.88
R2-4	0.2	0.28	0.28	28.62	2.92	804	395.33	70	469.88
R3-2	0.3	0.14	0.14	28.62	2.92	804	395.33	70	469.88
R3-3	0.3	0.21	0.21	26.71	2.79	804	395.33	70	469.88
R4-2	0.4	0.14	0.14	26.27	2.76	804	377.10	70	451.81
R4-3	0.4	0.21	0.21	23.13	2.53	804	395.33	70	469.88
R4-4	0.4	0.28	0.28	23.13	2.53	804	395.33	70	469.88

注：1. 试件编号 Ra-b，R 表示为反复扭矩作用试件，a 表示轴压比×10，b 表示相对偏心距×10。

2. 试件截面有效高度 $h_0 = b_0 = 227$mm。

3. 混凝土抗压强度 $f_c = 0.76 f_{cu}$，抗拉强度 $f_t = f_{cu}^{2/3}$。

2.2.3　试验方案

1. 加载设备

本次试验的加载在青岛建筑工程学院的 JY-DSV-2A 型电液伺服结构试验机上完成。该设备是一种闭环电气液压力学结构静、动态工业过程自动控制系统设备，由直线作动器、液压油源、液压管线及附件、电液伺服控制器、信号发生器、示波器、控制采集接口及系统计算机等组成，以直线液压作动器为执行机构，以电液伺服控制阀为核心控制元件，在计算机指令控制下实现结构的荷载谱、工况、控制目标的真实模拟。试验在自制的加载装置上进行，为了保持试验精度，施加轴向力的轴压千斤顶与门式反力架之间设置 5 根 Φ50 的高强钢滚轴，摩擦系数为 0.005，使试件顶端形成可以自由水平移动的水平铰，轴压千斤顶与柱顶端连接处设置球铰，球铰球心与柱顶面中心几何重合，作动器端部与扭矩臂端部以球铰和插销连接，使得它们可以水平自由转动。水平剪力千斤顶连接于加载柱帽的顶部中心水平铰上，使得它们可以水平自由转动。试件底部水平梁用底座固定支架锚固于地槽。试验加载装置示意图见图 2.2。

试件轴向采用两个 LSWEB-25T 型作动器施加扭矩，荷载范围为 ±250kN，

行程±200mm，系统精度 1%。施加的压力主
要是轴向压力，采用电动高压油源和稳压油泵
组成的双油路，用油压千斤顶施加，最大额定
压力为 500kN。水平剪力的施加采用手动油压
千斤顶，最大额定荷载 100kN。

为了实现试验过程中压、弯、剪、扭的相
互独立，本次试验采用不同的设备来施加不同
的荷载，轴压力和水平拉力施加完成后，用两
个大小相同的电液伺服作动器施加扭矩，作用
力的大小和方向由计算机控制，使得其大小相
等，方向相位相差180°。

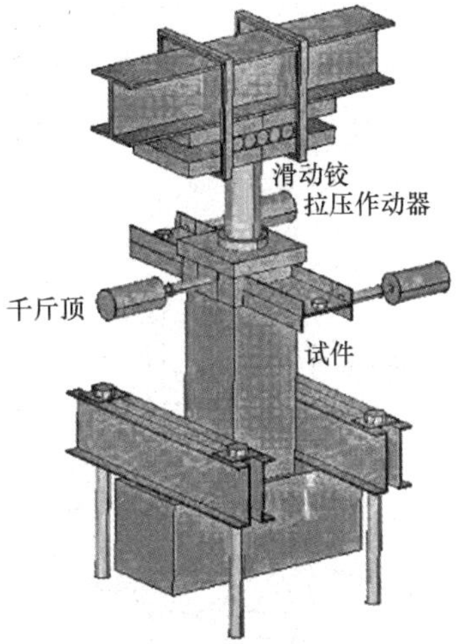

2. 加载方案

试验加载按以下顺序进行：首先安装加载

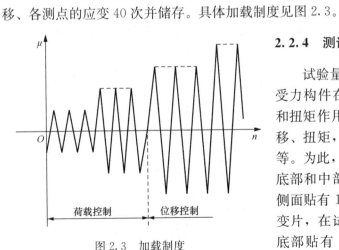

图 2.2 加载装置

设备和测试仪器，并标定调整测试仪器；其次预载，先将轴压力 N、剪力 V 按
估计的极限荷载的 5% 加载，稳定后，扭矩也按估计极限荷载的 5% 循环预载一
次，采集应变后，卸载调整；最后按加载制度加载直到破坏。加载制度：先将
轴压压力和侧向剪力加到设计值后恒定，施加扭矩，施加扭矩时采用变扭矩、
变扭角的综合加载制度，即在构件达到抗扭屈服点之前按等增量扭矩控制，每
级扭矩循环三次，液压作动器在力控制状态下屈服后，按等增量扭角控制，每
级也循环三次，在位移控制下直到构件破坏。每个循环中由计算机采集力、位
移、各测点的应变 40 次并储存。具体加载制度见图 2.3。

2.2.4 测试内容与方法

试验量测的内容主要是复合
受力构件在轴向压力、水平剪力
和扭矩作用下每个阶段的水平位
移、扭矩，纵筋、箍筋上的应变
等。为此，在构件每一根纵筋的
底部和中部每隔一根箍筋的四个
侧面贴有 13×120-3AA 型电阻应
变片，在试件 R2-2、R3-3、R4-4
底部贴有 S2120-80AA 型电阻应
变片，以量测纵筋、箍筋及混凝

图 2.3 加载制度

土表面的应变。应变片的布置见图 2.4。在柱子的顶部和底部设置两个位移计，以测定柱子的水平位移；在施加扭矩的加载套箍上安装两个位移计，见图 2.5，量测出加载臂相对的位移，从而得出扭转角 θ，其计算公式为

$$\theta = \frac{(w_1 + w_2)/600}{0.55} \, (\mathrm{rad/m})$$

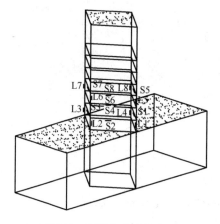

图 2.4　两侧应变片的布置

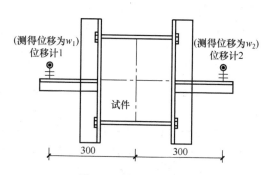

图 2.5　转角量测装置

2.2.5　试验步骤

具体试验步骤如下：

1）装设备及测试仪器。

2）调节测试仪表。

3）预载。将 N、V 先后按 5% 预加载，稳定后，扭矩亦按 5% 荷载预载并循环一次。

4）预载回零，调节仪表。

5）施加轴压力，$N = f_c bh \cdot \dfrac{\sigma}{f_c}$。

6）采集应变。

7）施加剪力，$V = \dfrac{M}{l} = \dfrac{Ne_0}{l} = \dfrac{\sigma}{f_c} \cdot f_c bh \cdot \dfrac{e_0}{h_0} / \dfrac{l}{h_0}$。

8）采集应变。

9）施加扭矩。轴压力和剪力施加稳定后，开始施加扭矩，每级循环三次，然后按 $\Delta T = 10\mathrm{kN \cdot m}$ 增大扭矩再循环三次，直到构件屈服后，按 $\Delta\theta = \theta_y$ 增大扭角循环三次，直到构件破坏。

2.3　试验过程及结果

2.3.1　裂缝开展规律及破坏过程

本次试验共 9 个试件受反复扭矩作用，构件侧面出现的斜裂缝均为扭转斜裂缝，最终发生扭转破坏。由于设备原因，试件 R3-4 在施加第三级荷载时突然发生剪切破坏，但破坏前性能可供参考。在受扭过程中，个别试件套箍角部出现局部脱落现象，但对后续试验影响不大。

在施加完轴力后再施加水平拉力时，试件 R2-4、R3-3、R4-4 受拉角部出现 2～3mm 弯曲裂缝，剪力施加完毕后该裂缝保持稳定。图 2.6 所示为试件 R2-3 的裂缝开展图。试件在施加反复扭矩后，首条裂缝出现于某个循环的剪应力相叠加面（②、④面）的中部，当施加同级反向扭矩时，反向初始裂缝也出现在此时的剪应力相叠加面的中部，即正向裂缝的出现对反向裂缝的出现影响不大。构件屈服前裂缝较窄，卸载后裂缝基本闭合，反向作用时宏观上观察不到正向裂缝；当构件屈服后，裂缝发展加速，裂缝加宽、加长，卸载后裂缝不能完全闭合。施加反向荷载后构件表面形成交叉的网状裂缝。裂缝不能完全闭合是由于钢筋产生滑移和裂缝间混凝土产生错动。随着荷载的继续循环，各面均形成

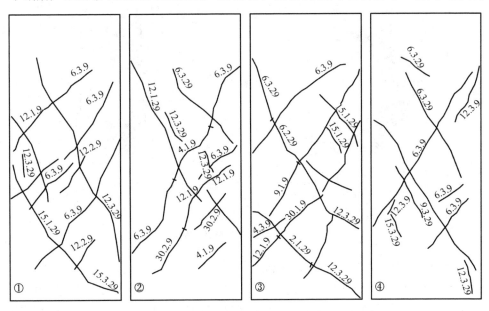

图 2.6　试件 R2-3 的裂缝开展

网状裂缝，而且相邻面的斜裂缝相贯通。在加载后期，各面双向均有斜裂缝，并且出现主裂缝，其他裂缝加宽加长不明显。各面斜裂缝间均有起皮和脱落现象，此时构件的变形急剧加速，并可听见"滋滋"声，荷载下降，刚度退化严重。最后在某一弯压面（①、④面）混凝土压碎并严重掉渣，试件破坏。各试件柱底及柱中部最终的纵筋应变见图2.7。

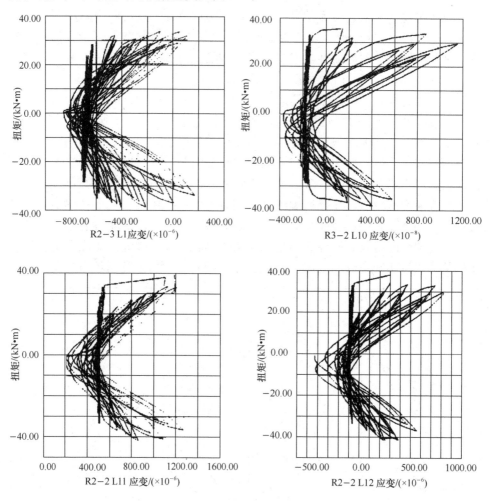

图2.7　柱底及柱中部的纵筋应变

通过试验观察可以得出以下结论：

1）所有试件正反向裂缝中均存在1～2条较长、较宽的裂缝，这些裂缝大都贯穿整个面且延伸到相邻面，其中一条在破坏时发展最快、最宽，在各面贯通形成螺旋状主裂缝。

2) 同一条裂缝在发展过程中其走向基本保持不变，个别有微小改变。这是因为：在裂缝发展过程中不断发生内力重分布，影响混凝土主应力的方向；裂缝尖端效应；材质不均匀；弯曲应力的影响。

3) 同一侧面斜裂缝走向沿高度方向略有差别，自下而上，弯拉面上斜裂缝倾角减小，弯压面上斜裂缝倾角增大。

4) 不同侧面斜裂缝倾角也呈弯拉面大、弯压面小的趋势。

5) 两弯拉面上裂缝稀而较宽，两弯压面上裂缝密且窄。

裂缝倾角呈以上特征的原因是：截面弯矩沿构件高度方向呈三角形分布，不同高度截面上的弯拉、弯压应力不同，故混凝土截面上的主拉应力方向不同。

6) 同一轴压比下，相对偏心距较大的构件弯拉面裂缝倾角较大，甚至有的构件在加水平力后就出现裂缝；弯压面裂缝倾角则较小，而且与弯拉面裂缝倾角相差较大。

7) 在相同相对偏心距下，轴压比较大时构件裂缝出现较晚，四侧面裂缝倾角较小，混凝土被迅速压碎。

2.3.2　典型试件的钢筋应变和破坏形态

1. 纵筋应变

根据试验方案，在施加扭矩作用以前先施加轴向力和水平剪力，使纵筋受力，弯矩作用方向受压边的纵筋和中间的两根纵筋的应变均为压应变，弯矩作用方向受拉边的纵筋的受力状态则随轴压比、偏心距等研究参数的不同而不同，这些应变的数值均较小。

扭矩作用初期的几个循环中，应变-扭矩曲线在初始应变附近呈直线循环，构件开裂后，纵筋的拉应变迅速增长，偏离初始应变，应变-扭矩曲线不再呈直线关系，扭矩卸载时纵筋应变不回到原来的初始应变，产生一定的残余应变，应变-扭矩形成蝴蝶状滞回环。构件达到极限荷载时，弯曲受拉纵筋一般达到或接近屈服，而弯曲受压纵筋则一般未达到屈服，中间的两纵筋随荷载参数变化而不同。

2. 箍筋应变

施加扭矩以前，由于水平剪力作用在箍筋中，产生一定的初始应变，应变值较小。在反复扭矩作用下各面箍筋的应变在加载初期的几个循环中与扭矩基本呈直线关系，且偏离初始应变很小，卸载后可以恢复到初始应变。构件开裂后，由于发生内力重分布，箍筋应力迅速增大，卸载时有残余应变，应变-扭矩曲线形成蝴蝶状滞回环，且由于各侧面箍筋均交替处于剪应力叠加、相减面，蝴蝶状滞回环对应变轴不对称。典型试件 R3-2、R4-4 的柱中部箍筋应变见图 2.8。

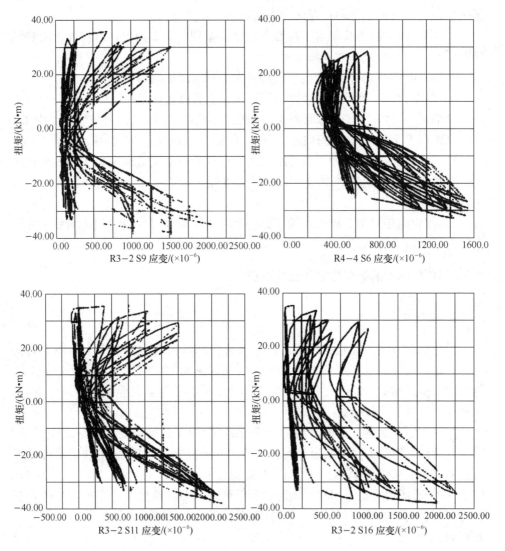

图 2.8　箍筋应变

3. 最终破坏形态

本次试验测试了轴压比为 0.2 的试件三个，轴压比为 0.3 的试件两个，轴压比为 0.4 的试件三个。不同轴压比和不同偏心距使构件各个面上的裂缝开展和最终的破坏尽显不同，构件的最终破坏形态见图 2.9。

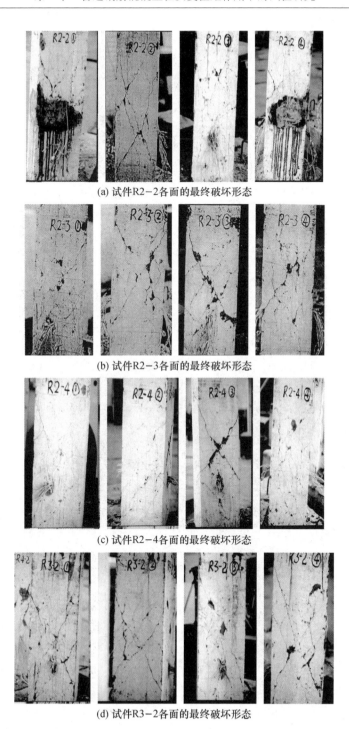

(a) 试件R2-2各面的最终破坏形态

(b) 试件R2-3各面的最终破坏形态

(c) 试件R2-4各面的最终破坏形态

(d) 试件R3-2各面的最终破坏形态

图 2.9　试件最终破坏形态

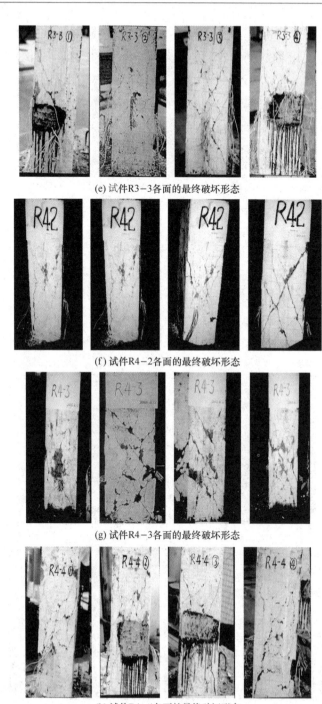

(e) 试件R3-3各面的最终破坏形态

(f) 试件R4-2各面的最终破坏形态

(g) 试件R4-3各面的最终破坏形态

(h) 试件R4-4各面的最终破坏形态

图 2.9　试件最终破坏形态（续）

2.3.3　试验结果一览

在构件破坏的全过程中，构件的裂缝开展规律、纵筋和箍筋的应变、破坏形态已如前所述，为了便于对试验结果进行分析，此处对试验过程中的几个实测重要参数进行严格的定义，叙述如下：

1) 开裂扭矩。在试验开始后的最初几个加载循环中，柱根处出现了一些水平弯曲裂缝，这些裂缝微小且短，一般不会进一步开展。而在构件弯拉侧剪应力叠加面的中部出现第一条初始斜裂缝，纵筋应变、箍筋应变与扭矩不再呈直线关系，即将偏离初始应变，扭矩-扭角骨架曲线也即将偏离直线，此时的扭矩为开裂扭矩 T_{cr}，对应的单位长度上的扭转角为 θ_{cr}。

2) 屈服扭矩。根据试验过程所采集的数据，形成每一次循环的扭矩-扭转角曲线，将每次循环的峰值点连接起来形成包络线，这个包络线就是构件的骨架曲线。骨架曲线第一次明显偏向扭转角轴，发生转折，试件刚度明显降低的点，本书定义为屈服点，屈服点所对应的扭矩为屈服扭矩 T_y，对应的转角为屈服扭转角 θ_y。

3) 极限扭矩。骨架曲线上正负扭矩极限中的较小值为极限扭矩 T_u。

4) 极限扭转角。骨架曲线上扭转荷载下降到极限荷载 T_u 的 85% 时所对应的扭转角 θ_u 为极限扭转角。

5) 延性系数。延性系数是反映结构构件塑性变形的重要指标，它表示了结构构件抗震性能的好坏。结构分析中常采用的延性系数为曲率延性系数[14,15]，本书采用的是施加复合荷载后所产生的综合扭转角表达的延性系数，$\mu = \theta_u / \theta_y$，$\theta_u$ 为极限扭转角，θ_y 为屈服扭转角。试验结果一览见表 2.2。

表 2.2　试验结果一览

| 试件编号 | 实测外力 | | | 实测扭矩/(kN·m) | | | 实测扭角/($\times 10^{-2}$ rad/m) | | | 延性系数 |
	N /kN	V /kN	M /(kN·m)	T_{cr}	T_y	T_u	θ_{cr}	θ_y	θ_u	μ
R2-2	386.25	29.035	19.163	28.45	33.18	37.93	0.915	0.980	4.35	4.44
R2-3	386.25	43.552	28.744	23.68	28.46	33.46	0.812	1.065	4.94	4.63
R2-4	360.75	54.205	35.775	23.65	27.07	31.31	1.114	1.149	4.51	3.93
R3-2	539.63	40.655	26.832	28.48	33.25	35.73	1.023	1.216	4.62	3.80
R3-3	503.81	56.911	37.561	23.73	27.40	31.38	0.869	1.279	4.65	3.64
R4-2	670.75	50.588	33.388	33.54	36.48	38.34	1.240	1.915	5.33	2.78
R4-3	581.25	65.711	43.369	23.84	28.34	31.00	1.080	1.900	5.25	2.76
R4-4	581.25	87.614	57.825	23.71	23.71	28.44	0.899	0.899	3.92	4.36

2.4　试验结果分析

2.4.1　扭矩-扭角滞回曲线

本次试验的滞回曲线是试件在双向压弯剪及反复扭矩作用下得到的,纵轴 T 为施加在试件上的外扭矩,横轴 θ 为构件单位长度上的扭转角,图 2.10 为本次试验各试件的 T-θ 滞回曲线。

图 2.10 中不同构件的滞回曲线有一些共同特征:开裂前,构件上虽然出现了个别的弯曲裂缝和混凝土的塑性变形,但总变形不大,加卸载刚度较大,加载曲线的斜率变化小,扭矩-扭角基本呈直线关系,卸载基本沿着加载线返回,卸载后的残余变形也小,卸载后基本面有残余扭角。反向加载也沿直线,斜率与正向相同,卸载后基本沿原直线回零。正反向加卸载所构成的滞回环没有形成。随着荷载的增大,滞回环渐趋明显,试件开裂和屈服后,刚度迅速降低,每级扭角急剧增大,滞回环的面积也随着荷载等级的增加而增大。正向加载开始时斜率较大,然后渐小,卸载后有一斜率与初始斜率相近的弹性段,而后斜率迅速减小,反向加载时有一滑移段,过后斜率才逐渐变大。滞回环的形状从屈服时的"锥形"到极限荷载时的"弓形"以及破坏前的"反S形",曲线形状的变化反映了滑移的影响。构件屈服后,刚度随荷载等级增加而降低,且降低越来越快;在各级荷载或位移下,第二循环和第三循环比第一循环的刚度均有降低,且降低越来越慢。

卸载初期,扭矩-扭角近似为直线关系,与初始加载弹性段斜率基本相同,称为弹性卸载段,该段清晰且有明显转折点。弹性卸载段的长度因构件而异,尤其是轴压比的大小对其有较大影响。通过分析得出:在轴压比为 0.2、0.3、0.4 时,这段弹性段分别约为本级荷载的 0.286、0.328、0.400 倍。后期弹性卸载段斜率变小。每级荷载(或位移)各次循环的卸载曲线相差不大,残余扭角略有增加,且增加趋缓。下一级荷载(或位移)的第一循环较上一级荷载(或位移)的最后一次循环刚度亦有所降低,但降低趋缓,说明每级荷载(或位移)经过三次循环后构件的强度和刚度退化现象不似前面那样严重,循环的稳定性也加强。

滞回曲线除有以上共同特征外,还因荷载参数的不同而具有不同的特征。在同一轴压比下,相对偏心距较大的构件由于剪力较大,构件表面的剪应力增大,构件的钢筋滑移现象比较严重,"弓形"滞回环的捏拢现象比较明显,滞回曲线就较早地从"弓形"过渡到"反S形",滞回环的面积也略有减小的趋势。

在同一相对偏心距下,轴压比较大的构件由于较大的轴压应力抑制了斜裂

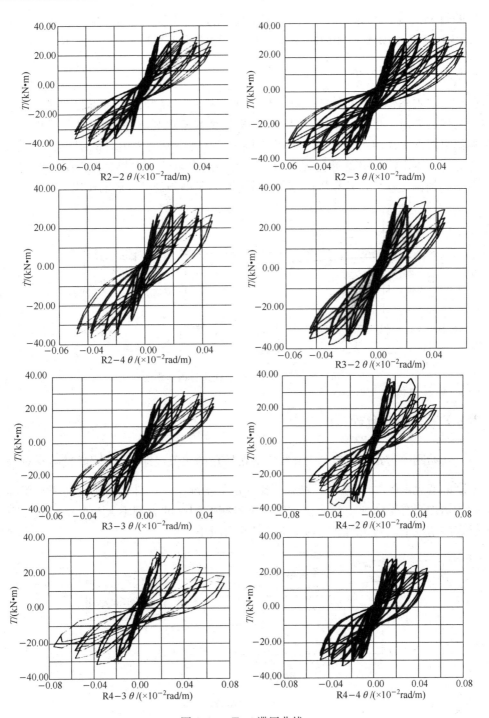

图 2.10　$T\text{-}\theta$ 滞回曲线

缝的过早出现，推迟了剪力产生的滑移现象，"弓形"的捏拢性质较弱，且在
0.4 轴压比下的各构件滞回曲线从"弓形"到"反 S 形"的过渡被推迟。

2.4.2　开裂扭矩分析

　　试验观察得出，初始斜裂缝一般始于弯拉侧剪应力相叠加面的中部，本书
中初始斜裂缝是指第一条扭转斜裂缝，根据试验宏观观测并结合扭矩-扭角曲线
偏离直线确定。由图 2.11 可以得出在同一轴压比下开裂扭矩随 β 的增大而减小，
这是因为本次试验中是通过改变剪力的大小来实现的。在相对偏心距一定的情
况下，轴压比越大，开裂扭矩越大，轴力起到了抑制裂缝开展的作用。

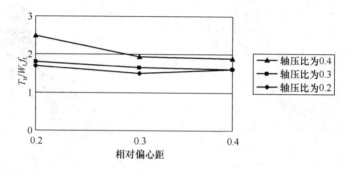

图 2.11　无量纲化开裂扭矩随相对偏心距的变化

2.4.3　初始刚度分析

　　初始刚度为开裂扭矩和与其相应的扭转角的比值，即 $K_0 = \dfrac{T_{cr}}{\theta_{cr}}$，其随相对偏
心距的变化由图 2.12 可见，在轴压比一定的情况下，试件初始刚度随相对偏心
距的增加而有所增加，说明相对偏心距对初始刚度的影响不大，在相对偏心距
一定的情况下，初始刚度随轴压比的增大而减小。

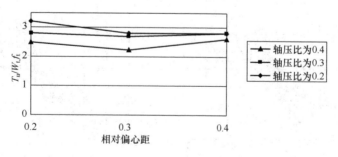

图 2.12　初始刚度随相对偏心距的变化

2.4.4　极限荷载分析

因 9 根试件的几何特性和配筋完全相同，现把构件的极限扭矩分别除以各自的素混凝土的纯扭强度 $W_t f_t$，使其无量纲化，讨论无量纲极限扭矩 $R_T = T_u / W_t f_t$ 同轴压比和相对偏心距的关系。

图 2.13 为相对偏心距为 0.2，0.3，0.4 时极限扭矩同轴压比的相关曲线，可以认为构件的极限抗扭强度随轴压比的增大而呈增大的趋势，且在 $\beta = 0.2$ 时曲线斜率较大，说明此时轴压比影响较大。

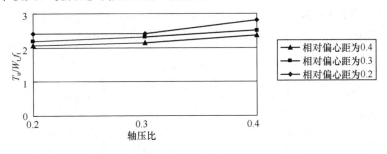

图 2.13　R_T 随 σ / f_c 的变化

图 2.14 为构件无量纲化极限扭矩随相对偏心距的变化。由图可见极限抗扭承载力随相对偏心距的增大而降低，并且在 $\sigma / f_c = 0.4$ 时曲线较陡，说明在大轴压比时相对偏心距对极限承载力的影响较大。

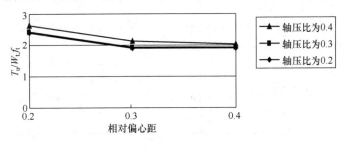

图 2.14　R_T 随 β 的变化

2.5　小　　结

通过对 9 根试件复合受扭试验的观察，可以得出如下结论：

1）在双向偏压剪、反复扭作用下，构件初始裂缝出现于弯拉侧剪应力相叠加面的中部，在反复扭矩作用下，构件四侧均出现网状交叉斜裂缝，并且相互贯通，最终在一弯压侧面混凝土被压碎，出现扭曲破坏。

2) 纵筋、箍筋的扭矩-应变滞回曲线呈蝴蝶状，试件破坏时配筋有部分屈服。

3) 扭矩-扭角滞回曲线开始有一直线段，开裂后刚度降低，屈服时接近水平，达到极限强度后荷载降低，位移急剧增大，并且有较大的残余变形，钢筋滑移严重。

4) 开裂扭矩随相对偏心距的增大而减小，随轴压比的增大而增大。

5) 构件抗扭承载力随轴压比的增大而增大。

6) 相对偏心距对初始刚度的影响不大，在相对偏心距一定的情况下初始刚度随轴压比的增大而减小。

7) 在轴压比和相对偏心距较大的情况下构件延性较差。

参 考 文 献

[1] T T C Hsu. Torsion of Structural Concrete-Plain Concrete Rectangular Sections [J]. ACI Structural Journal, 1968, SP-18.

[2] E Rausch. Design of Reinforced Concrete in Torsion [M]. Berlin: Technische Hochschule, 1929.

[3] P Lampert, B Thürlimann. Torsions-Versuche an Stahlbeton Balkenm [R]. Bericht No. 65. 6-21968-6.

[4] M P Collins, D Mitchel. Shear and Torsion Design of Prestressed Concrete Beams [J]. Journal of PCI, 1980 (9/10).

[5] T T C Hsu, Y L Mo. Softening of Concrete in Torsion Members-Theory and Tests [J]. Journal of ACI, 1985, 82 (3): 290-303.

[6] T T C Hsu, Y L Mo. Softening of Concrete in Torsion Members-Design Recommendations [J]. Journal of ACI, 1985, 82 (4): 443-452.

[7] T T C Hsu, Y L Mo. Softening of Concrete in Torsion Members-Prestressed Concrete [J]. Journal of ACI, 1985, 82 (5): 603-615.

[8] B Bach, O Graf. Versuche uber die Wider Stands Fahigkeit von Beton und Eisenbeton Gegen Verdrehung [R]. Deutscher Ausschuss fur Eisenbeton, Heft 16, Wilhelm Ernst, Berlin, 1912.

[9] B Thürlimann. Torsional Strength of Reinforced and Prestressed and Concrete Beams-CEB [J]. Approach, 1979, SP-59: 117-144.

[10] M P Collins, D Mitchel. Shear and Torsion Design of Prestressed and None Prestressed Concrete Beams [J]. Journal of PCI, Sept/Oct, 1980 (25): 32-100.

[11] 秦卫红. 钢筋混凝土压弯剪构件中反复扭矩作用下的抗扭性能研究 [D]. 西安：西安建筑科技大学，1993.

[12] 林咏梅. 钢筋混凝土双向压弯剪构件在单调扭矩作用下抗扭性能的研究 [D]. 西安：西安建筑科技大学，1994.

[13] 张汝愉. 建筑结构模型分析 [M]. 西安：西北工业大学出版社，1993.

[14] 过镇海. 混凝土结构理论 [M]. 北京：清华大学出版社，1998.

[15] R W Clough, J Penzien. Dynamics of Structures [M]. New York：McGraw-Hill Inc. , 1975.

第3章 普通钢筋混凝土在反复扭矩作用下的抗震性能

3.1 概　述

钢筋混凝土结构中的复合受力短柱,在遭遇近年来发生的几次较强烈的地震后,其受力性能是否还能满足实际设计的需要,已经引起人们的关注。1968年的日本十胜冲近海地震、1995年的阪神地震、1998年的伊朗地震和1999年的我国台湾集集九二一地震中,一些钢筋混凝土结构柱遭到了严重的破坏,究其原因,短柱效应、高窗边柱复合受力、角柱弯压剪扭扭转破坏以及额外偏心引起扭转破坏是主要因素。因此,通过相应的低周反复荷载试验,研究钢筋混凝土构件在弯压剪扭复合受力状态下的性能是建筑结构和构件抗震研究的重点[1-4]。

3.2 滞回模型及其特性

3.2.1 滞回模型的评论和本次试验的滞回特性

为了能承受预期的地震,一般希望所设计的结构体系能表现出良好的非弹性性能,而一个可靠的分析模型,必须能确定最大预期地震时的非弹性结构反应。为了使分析模型能够应用于一般问题中,此分析模型应以组成材料的力学特性为基础。早在1887年,J. Bauschinger通过对钢材的拉压试验研究,指出当钢材在一个方向加载超过弹性极限后,再反向加载时其弹性极限将显著降低,此后上述现象被称为"包兴格效应"。1943年Ramberg和Osgood[5]通过压扭首先提出了三参数应力-应变关系,Singh等[6]指出钢筋的包兴格效应将会影响钢筋混凝土构件的滞回性能,Agrawl、Brown、Kent等[7-9]也开展了钢筋应力-应变滞回性能的研究,提出了许多考虑钢筋硬化和包兴格效应的应力-应变滞回模型,并应用于钢筋混凝土构件的恢复力模型计算中,朱伯龙等[10]根据试验结果提出了钢筋在反复荷载作用下应力-应变曲线软化段的数学表达式。

对钢筋混凝土结构而言,要建立一个准确的分析模型是相当困难的,这是因为要得到一个准确的理想化的数学公式,必须同时考虑混凝土开裂、混凝土与钢筋之间的粘结破坏、节点处的锚固破坏、混凝土的压溃、钢筋的屈服、横向钢筋的约束作用以及强度与刚度的降低等因素。在钢筋混凝土结构中，混凝土主要承受压力，因此混凝土应力-应变滞回模型的研究工作主要针对混凝土在重复压应力作用下的性能，它是混凝土结构抗震性能研究中最基本的问题。Sinha 等[11]（1964）通过对素混凝土重复加载的全过程试验，首先提出了单轴压力下素混凝土的应力-应变滞回关系模型，该模型的骨架曲线采用与单轴压力相同的应力-应变关系曲线，加载和卸载分别采用直线和双折线形式。我国过镇海等[12]提出了曲线形式的混凝土应力-应变滞回关系及数学模型。由于实际中混凝土都要受到横向钢筋的约束，Roy、Sozen、Kent 和 Park[13,14]等都对约束混凝土进行了大量的研究，提出了许多约束混凝土的应力-应变关系曲线。考虑到地震作用下混凝土受到较高应变速率的影响，Scotta、Mander 等[15,16]对约束混凝土在不同应变速率下的应力-应变关系进行了研究。

　　到目前为止，大多数具有循环特性的钢筋混凝土框架构件的分析模型均假定变形主要由弯曲引起，受弯构件的刚度衰减取决于非弹性变形的大小，构件的滞回性能一般用刚度衰减和"初始的"荷载-变形关系来表示。在荷载-位移滞回曲线中，荷载为 0 处的捏缩效应是钢筋混凝土产生循环压缩的一个共同特征。捏缩效应是由于荷载换向后的初始阶段将前一次相同方向荷载所产生的裂缝重新展开的缘故，而大多数的弯曲变形没有考虑裂缝的张开与闭合在滞回曲线中所产生的捏缩效应。在考虑了裂缝的张开和闭合的弯曲模型中，也仅考虑弯曲裂缝，而忽略了剪切斜裂缝引起的捏缩效应。另外，所有的弯曲滞回关系中忽略了剪切变形。

　　近年来，对钢筋混凝土框架构件滞回性能的研究一般着重模拟刚度退化（stiffness degradation），这是因为刚度退化是混凝土构件产生非弹性循环变形和弯曲变形的共同特征。

　　刚度退化问题是由 Clough[17]于 1966 年提出的。为了表示钢筋混凝土构件的刚度退化现象，他以双直线型的初始荷载-位移关系曲线（图 3.1）为依据提出了反映刚度退化的滞回性能的模型。加荷刚度的退化与前面产生的非弹性残余变形有关，而卸荷刚度为一常数，它等于初始加荷刚度。考虑到 Clough 模型在模拟某些钢筋混凝土构件滞回性能上存在的不足，Takeda 等[18]根据大量的钢筋混凝土结构构件的滞回特性试验资料，用一条考虑混凝土开裂、屈服的三折线骨架曲线和一系列较为复杂的滞回环规则对 Clough 模型进行了改进。Takeda模型的最大特点是考虑了卸载刚度的退化。Saiidi[19]把 Clough 模型的简单方便和 Takeda 模型的刚度退化特征结合起来，提出了一个既简单实用又能基本反映以弯曲变形为主的钢筋混凝土构件滞回特性的恢复力模型。Mander[20]在上述模型的基础上，提出了一条由三折线骨架曲线和一个由两条三折线构成的滞回环

组成的恢复力曲线，通过调整两个参数的取值来模拟各种刚度的退化，见图
3.2。Park 等[21,22]提出的骨架曲线为三折线，该模型考虑的因素最为全面，可以
考虑刚度退化、强度退化和捏缩效应的影响，其刚度退化和强度退化不仅与结
构非弹性变形的最大值有关，而且与非弹性变形循环的次数有关。此外，较为
有名的模型还有 Aoyama[23]考虑捏缩效应和强度退化的三线型模型、Muto[24]考
虑刚度退化的三线型模型、Roufaiel[25]考虑捏缩效应和刚度退化的三线型模
型等。

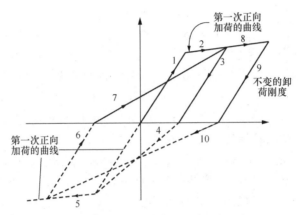

图 3.1　Clough 双直线型滞回曲线模型

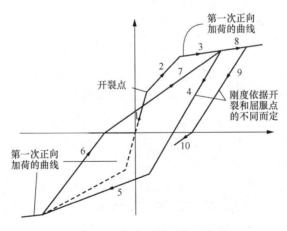

图 3.2　三折线型滞回曲线模型

3.2.2　复合受力状态下滞回模型存在的问题

　　到目前为止，大多数具有循环特性的钢筋混凝土结构构件的分析模型均假
定变形主要来源于弯曲变形。构件的刚度衰减取决于非弹性变形的大小。构件

的滞回性能一般用刚度衰减和"初始的"荷载-变形关系来确定。在大多数情况下，初始的荷载-变形关系由下列条件决定：

1）假定应变为线性分布。

2）混凝土的抗拉强度全部忽略不计或认为混凝土开裂后仍有很小的抗拉强度。

3）采用实际的混凝土和钢筋的应力-应变关系。

上述的恢复力模型一般是在某种特定的受力状态下根据试验研究提出的，因此其实用性较差。而几个较常用的模型，如双线性（Bi-Linear）和 Clough 模型应用起来比较简单，但一般只适用于具有梭形滞回曲线的纯受弯构件。Takeda 模型是目前钢筋混凝土结构非线性地震反应分析中运用较为广泛的一种恢复力模型，该模型虽考虑了加载和卸载过程中的刚度退化，但没有考虑反复加载过程中的强度退化和由于裂缝张合及钢筋粘结滑移引起的滞回环的捏缩现象，因此不适用于剪切变形成分较大、轴压比较大、滑移变形成分较大的构件。

本次试验表明，结构构件总的非弹性变形主要由综合剪应力作用下的剪切变形、部分弯曲变形及开裂后纵向受力钢筋的粘结滑移变形组成，且这三种变形成分是随着结构受力的组成和加载条件的变化而变化的。对于承受弯、压、剪、扭共同作用，且以扭矩为主的小剪跨比构件，剪切变形的影响是不可忽略的。而目前对结构的所有构件均采用同样的恢复力模型明显是不合适的，有必要提出一种以剪切开裂所产生的变形滞回性能为主的恢复力模型。

3.3　双向压弯剪及反复扭矩作用下恢复力特性分析

3.3.1　双向压弯剪及反复扭矩作用下的扭矩-扭角滞回曲线

发生地震时，结构在地震荷载的作用下工作，其内力将随之正负交替。结构在这种受力状况下的性能需要通过相应的低周反复荷载试验加以研究。在结构的地震反应分析中，求解非线性体系的动力运动方程时，我们认为体系的刚度系数 $k(x)$ 在 Δt 时段内的变化是很小的，从而近似地取 $k(x)$ 在 Δt 时段内为一常数，但在不同的时段内系数 $k(x)$ 是一个变数，要确定系数 $k(x)$ 的变化情况就必须研究结构体系和构件的恢复力模型[18]。结构体系的恢复力模型反映了结构体系恢复力在体系的整个运动过程中的变化规律。实际结构恢复力的变化情况是很复杂的，为了研究在复合受力下钢筋混凝土柱的抗扭恢复力性能，必须根据试验研究，实测大量的恢复力和变形的关系曲线，也即荷载-位移滞回曲线，由每一次循环的滞回曲线可得到骨架曲线，经过适当的抽象和简化，得出实用的恢复力曲线。

　　本次试验结果所得到的滞回曲线是试件在双向压弯剪及反复扭矩作用下的扭矩-扭角滞回曲线，纵轴 T 为施加在试件上的外扭矩，横轴 θ 为构件单位长度上的扭转角，图 2.10 为本次试验各试件的 $T\text{-}\theta$ 滞回曲线。

　　图 2.10 中滞回曲线在构件开裂前基本呈直线关系，总变形不大，加卸载刚度较大，滞回环没有形成。随着荷载的增大，滞回环渐趋明显，滞回环的面积也随着荷载等级的增加而增大。滞回环的形状从屈服时的"锥形"，到极限荷载时的"弓形"以及破坏前的"反 S 形"，反映了滑移的影响。构件屈服后，刚度随荷载等级增加而降低，且降低越来越快。

　　滞回曲线在同一轴压比下，相对偏心距较大的构件的钢筋滑移现象比较严重，"弓形"滞回环的捏拢现象比较明显，滞回曲线就较早地从"弓形"过渡到"反 S 形"，滞回环的面积也略有减小的趋势。

　　在同一相对偏心距下，轴压比较大的构件，"弓形"的捏拢性质较弱，而且在 0.4 轴压比下的各构件滞回曲线从"弓形"到"反 S 形"的过渡被推迟。

3.3.2　扭矩-扭角骨架曲线

　　将滞回曲线中同方向每次循环的峰值点都连接起来，形成包络线，这个包络线就是骨架曲线。在研究非弹性地震反应时，骨架曲线是很重要的，它是每次循环的荷载-位移曲线达到峰值点的轨迹，同时反映了构件的强度、刚度、延性、耗能以及抗倒塌的能力。本章试验的骨架曲线见图 3.3。试验表明，加载初期的骨架曲线成直线关系，构件处于线弹性阶段。试件开裂后，刚度降低，曲线发生转折。接近屈服时曲线明显偏向扭角轴，刚度迅速降低，屈服后的构件扭角迅速增大，荷载稍有增加时便达到极限扭矩。越过极限扭矩后曲线开始下降，最后达到破坏。

　　第一批箍筋屈服时，骨架曲线上出现刚度明显降低的转折点，此处将此转折点定义为构件屈服点，相对应的扭矩值作为屈服扭矩 T_y，相对应的扭角值作为屈服扭角 θ_y。

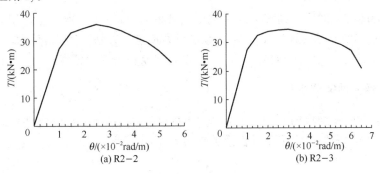

图 3.3　各试件的骨架曲线

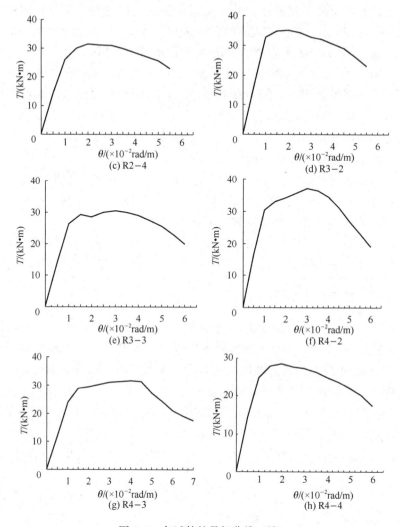

图 3.3　各试件的骨架曲线（续）

　　骨架曲线上对应于荷载下降到极限荷载的 85% 的点为破坏点，相应的扭角为极限扭角 θ_u。可以从骨架曲线上得到开裂荷载、屈服荷载、极限荷载、破坏荷载等特征点，从而得到构件在各个阶段的刚度和构件的延性。

3.3.3　延性性能分析

　　延性是反映结构构件塑性变形能力的指标，它表示了结构构件抗震性能的好坏，在结构分析中常采用延性系数来表示，即

$$\mu = \frac{a_u}{a_y} \tag{3.1}$$

式中，a_u——在荷载下降至 85% 极限承载力时的构件挠度（或转角、曲率）；

a_y——相应于屈服荷载时的构件挠度（或转角、曲率）。

本节取 $\mu = \dfrac{\theta_u}{\theta_y}$，延性系数见表 2.2。影响构件延性的因素很多，此处仅讨论研究参数的影响。由图 3.4 可见，在相对偏心距 β 一定的情况下，构件抗扭延性系数 μ 随轴压比 η（0.2～0.4 范围内）的增加而降低。

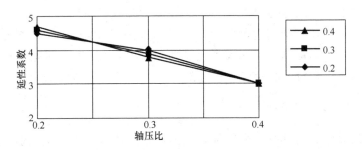

图 3.4　μ 随 σ/f_c 的变化

由图 3.5 可以得出在小轴压比下延性系数随相对偏心距（0.2～0.4 范围内）的增加而降低，而在大轴压比下延性系数随相对偏心距的增加而有所增加。

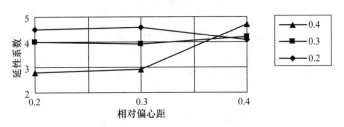

图 3.5　μ 随 β 的变化

3.3.4　耗能性能分析

一个结构的抗震性能要从三个方面，即强度、变形和能量来加以考察[26]，利用结构的恢复力特性已经分析了强度、刚度（变形）等，下面从能量角度来分析抗震性能。

由于结构是依靠本身的变形来耗散地震传输的能量，在强度和延性均能保证的情况下，还要考虑耗能问题。位移加载试验启发我们，尽管结构并没有加到结构延性系数所允许的指标，但是在等位移多次加载后也会产生低周疲劳破坏。这就是说，即使一次地震引起的最大位移小于允许的最大位移，但由于多次地震后能量不断耗散，在积伤效应下，也会导致破坏[26]。现根据滞回曲线，从三个方面讨论耗能问题。

1. 滞回曲线的形状

钢筋混凝土构件的滞回曲线根据恢复力特性的试验结果可归纳为四种基本形状，即梭形、弓形、反 S 形和 Z 形[27]，它们的面积依次减小，因此耗能能力依次减小。

对比图 2.10 中的滞回曲线，可以看出滞回曲线的滞回环均是由梭形→弓形→反 S 形过渡，耗能能力逐渐降低，并且轴压比大的构件弓形性质加强，轴压比小的构件反 S 形加强，说明前者耗能能力优于后者，相对偏心距较大的构件的耗能能力优于相对偏心距较小的构件。

2. 滞回曲线的稳定性

稳定的滞回曲线具有更强的耗能能力，它反映出同级位移幅值下强度（或刚度）的退化情况，可以用荷载退化系数来表示。

定义：后一循环和前一循环达到同一位移时的荷载之比称为荷载退化系数，即取

$$\varphi_1 = \frac{第二循环峰值荷载}{第一循环峰值荷载}$$

$$\varphi_2 = \frac{第三循环峰值荷载}{第二循环峰值荷载} \tag{3.2}$$

各滞回曲线荷载退化系数见表 3.1。也可将滞回曲线各级荷载下第一循环峰值点、第二循环峰值点、第三循环峰值点分别连起来，直观地表达荷载退化情况。

表 3.1　荷载退化系数 φ_1（φ_2）

位移 试件	$\mu=2$	$\mu=3$	$\mu=3$
R2-2	0.922（0.959）	0.882（0.926）	0.870（0.899）
R2-3	0.931（0.965）	0.912（0.941）	0.891（0.908）
R2-4	0.920（0.968）	0.890（0.960）	0.873（0.946）
R3-2	0.894（0.938）	0.875（0.909）	0.860（0.903）
R3-3	0.918（0.928）	0.889（0.943）	0.880（0.923）
R4-2	0.866（0.868）	0.981（0.897）	0.850（—）
R4-3	0.895（0.969）	0.850（0.920）	0.552（0.855）
R4-4	0.875（0.930）	0.844（0.928）	0.896（0.924）

由表 3.1 可以得出以下结论：

1）构件扭矩-转角滞回曲线由位移控制时，随着位移等级的增加，φ_1 越来越小，即第二循环相对于第一循环荷载退化严重，同样第三循环相对于第二循环荷载退化严重，但在同一位移等级下 $\varphi_1 < \varphi_2$，说明随着循环的增加退化不如前期严重。

2）荷载退化程度随轴压比的增加而加重，但受相对偏心距影响不明显。

3）试件 R4-2 骨架曲线下降段较陡，峰值荷载下循环三次后，下一级位移下荷载峰值达不到 $85\% T_u$，说明高轴压比下试件在极限荷载下循环三次后迅速破坏。

3. 等效黏滞阻尼系数

目前构件的耗能能力没有统一的评定标准，常采用等效黏滞阻尼系数与功比指数表示。等效黏滞阻尼系数[27]（图 3.6）计算公式为

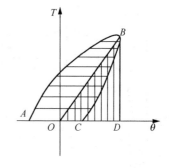

图 3.6 等效黏滞阻尼系数
的计算

$$h_e = \frac{1}{2\pi} \frac{ABC \text{ 面积}}{OBD \text{ 面积}} \qquad (3.3)$$

计算构件达到极限荷载时的滞回环的等效黏滞阻尼系数，可知计算值 h_e 随 σ/f_c、β 的变化如图 3.7、图 3.8 所示。

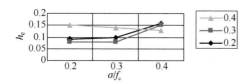

图 3.7 h_e 随轴压比的变化

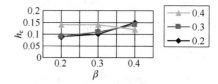

图 3.8 h_e 随 β 的变化

从图 3.7、图 3.8 可以发现，等效黏滞阻尼系数 h_e 随 σ/f_c 的变化较 β 的变化显著。

3.4 双向压弯剪及反复扭矩作用下的恢复力模型

进行低周反复静力试验的一个主要目的就是建立恢复力模型。建立滞回曲线的计算模型，是将实际的恢复力特性曲线由分段直线来代替。恢复力模型反映构件受荷时企图恢复原有状态的抗力和变形系数[26,27]。本节将试件 R3-3 所得的滞回曲线模型化，通过对骨架曲线、标准滞回环（极限荷载滞回环）的分析，初步探讨考虑刚度退化的滑移型双向压、弯、剪、反复扭矩作用下的恢复力模

型，为编制计算机程序提供参考。

3.4.1　骨架曲线的建立

骨架曲线恢复力模型的初始刚度、开裂扭矩及转角、屈服扭矩及转角、极限扭矩及转角、破坏点转角等特征点见表 2.2。

骨架曲线模型采用以上述特征值为转折点的四折线型模型。将滞回曲线无量纲化，用 T/T_{u}-$\theta/\theta_{\mathrm{p}}$（$T_{\mathrm{u}}$、$\theta_{\mathrm{p}}$ 分别为极限荷载及相应的转角）绘制曲线来模拟骨架曲线，如图 3.9 所示。

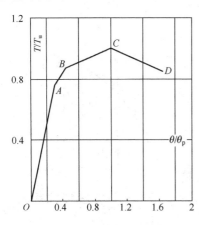

图 3.9　无量纲骨架曲线模型

图 3.9 中各点坐标为

$$O(0,0)$$
$$A(0.302, 0.756)$$
$$B(0.444, 0.873)$$
$$C(1.000, 1.000)$$
$$D(1.651, 0.85)$$

1）原点到开裂点线弹性段 OA，方程为
$$T/T_{\mathrm{u}} = 2.053\theta/\theta_{\mathrm{p}}$$

2）开裂点到屈服点线段 AB，方程为
$$T/T_{\mathrm{u}} = 0.824\theta/\theta_{\mathrm{p}} + 0.507$$

3）屈服点到极限荷载点 BC，方程为
$$T/T_{\mathrm{u}} = 2.053\theta/\theta_{\mathrm{p}} + 0.772$$

4）极限点到荷载破坏点 CD，方程为
$$T/T_{\mathrm{u}} = 2.053\theta/\theta_{\mathrm{p}} + 1.240$$

3.4.2　屈服荷载滞回环的建立

采用无量纲化坐标绘制屈服荷载滞回环，根据曲线的刚度变化和能量相等的原则，用三折线模拟滞回环，如图 3.10 所示。

图 3.10 中各点坐标为

$$a'(-0.400, -0.550)$$
$$b'(0.300, 0.720)$$
$$c'(0.440, 0.880)$$
$$d'(0.400, 0.550)$$
$$e'(-0.300, -0.720)$$
$$f'(-0.440, -0.880)$$

各折线方程为

$$a'b'\text{：}\ T/T_{\mathrm{u}} = 1.814\theta/\theta_{\mathrm{p}} + 0.176$$

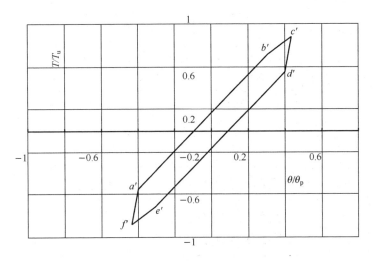

图 3.10　屈服滞回环模型

$$b'c'\text{：}\quad T/T_\text{u} = 1.143\theta/\theta_\text{p} + 0.377$$
$$c'd'\text{：}\quad T/T_\text{u} = 8.250\theta/\theta_\text{p} - 2.750$$
$$d'e'\text{：}\quad T/T_\text{u} = 1.814\theta/\theta_\text{p} - 0.176$$
$$e'f'\text{：}\quad T/T_\text{u} = 1.143\theta/\theta_\text{p} - 0.377$$
$$f'a'\text{：}\quad T/T_\text{u} = 8.250\theta/\theta_\text{p} + 2.750$$

3.4.3　极限荷载滞回环的建立

仍采用无量纲化坐标绘制滞回环曲线模型。根据滞回曲线刚度变化和结构耗散能量相等的原则，用五折线来代替标准滞回环较为合适。

由图 3.11 可以看出极限荷载滞回环呈弓形，可用图 3.12 中的五折线模拟。图 3.12 中各折点坐标为

$$a'(-0.066, 0.000)$$
$$b'(0.670, 0.820)$$
$$c'(1.000, 1.000)$$
$$d'(0.920, 0.710)$$
$$e'(0.400, 0.026)$$
$$f'(0.070, -0.150)$$
$$g'(-0.580, -0.840)$$
$$h'(-1.000, -1.000)$$
$$i'(-0.900, -0.750)$$
$$j'(-0.640, -0.400)$$

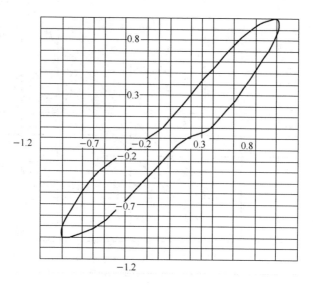

图 3.11　标准滞回环（R3-3）

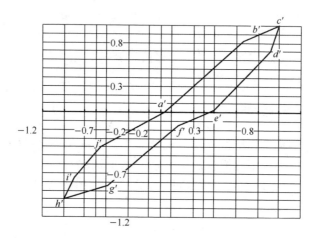

图 3.12　极限荷载滞回环模型（R3-3）

各折线方程为

$$a'b'： T/T_u = 1.114\theta/\theta_p + 0.074$$
$$b'c'： T/T_u = 0.545\theta/\theta_p + 0.455$$
$$c'd'： T/T_u = 3.625\theta/\theta_p - 2.625$$
$$d'e'： T/T_u = 1.315\theta/\theta_p - 0.500$$
$$e'f'： T/T_u = 0.533\theta/\theta_p - 0.187$$
$$f'g'： T/T_u = 1.026\theta/\theta_p - 0.224$$

$$g'h':\ T/T_u = 0.381\theta/\theta_p - 0.619$$
$$h'i':\ T/T_u = 2.500\theta/\theta_p + 1.500$$
$$i'j':\ T/T_u = 1.346\theta/\theta_p + 0.462$$
$$j'a':\ T/T_u = 0.697\theta/\theta_p + 0.046$$

3.4.4　破坏荷载滞回环的建立

同样可以将试件破坏时的滞回曲线（图 3.13）用折线模拟，见图 3.14。

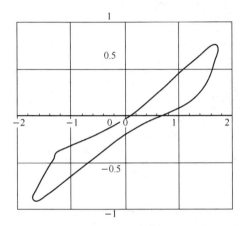

图 3.13　破坏滞回环（R3-3）　　　　图 3.14　破坏滞回环模型（R3-3）

由图可知破坏时滞回环呈明显的反 S 形，用三折线可以模拟其形状。图 3.14 中各点坐标为

$$a'(-1.300, -0.400)$$
$$b'(0.100, 0.000)$$
$$c'(1.660, 0.760)$$
$$d'(1.320, 0.200)$$
$$e'(0.000, -0.200)$$
$$f'(-1.670, -0.910)$$

各折线方程为

$$a'b':\ T/T_u = 0.286\theta/\theta_p - 0.029$$
$$b'c':\ T/T_u = 0.487\theta/\theta_p - 0.049$$
$$c'd':\ T/T_u = 1.647\theta/\theta_p - 1.974$$
$$d'e':\ T/T_u = 0.303\theta/\theta_p - 0.200$$
$$e'f':\ T/T_u = 0.425\theta/\theta_p - 0.200$$
$$f'a':\ T/T_u = 1.378\theta/\theta_p + 1.392$$

3.4.5　恢复力模型的建立

由前面所得的屈服滞回环模型、标准滞回环模型和破坏滞回环模型可以得到试件 R3-3 的恢复力模型，见图 3.15。

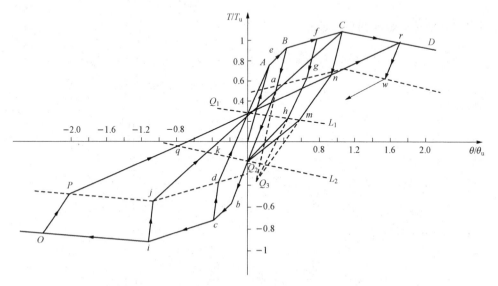

图 3.15　压弯剪、反复扭作用下构件扭矩的
恢复力模型（R3-3）

对恢复力说明如下：

1）该恢复力模型是结合特征滞回环特征点和滞回曲线的形状拟合而成的，坐标为无量纲坐标。

2）编程计算时，以转角为变量输入，根据各段刚度得到扭矩大小。

3）各滞回环卸载时均有一弹性段，该段斜率开始时比骨架曲线弹性段斜率（K_0）略大，后期滞回环变小，该模型中该段斜率取 K_0。

4）屈服滞回环和极限滞回环之间（$B \sim C$）的滞回弹性卸载段转折点连线（agn）平行于直线 BC；极限滞回环和破坏滞回环之间的滞回环弹性卸载段转折点连线（nw）平行于骨架曲线卸载段直线 CD，反方向亦相同。

5）滞回环滑移段端点均在直线 L_1、L_2 上，且直线 L_1、L_2 均平行于骨架曲线卸载段直线 CD。

6）根据滞回曲线形状，所有滞回曲线卸载段均经过点 Q_1、Q_2，屈服滞回环弹性卸载段延长线与其后期滞回环非弹性卸载段延长线相交于点 Q_3。

7）模拟多次循环时，后期循环峰值比前期循环峰值小，根据前文荷载退化系数 φ_1 确定；多次循环时，后期循环卸载曲线沿着第一次循环的卸载线。

3.5　小　　结

　　本章通过对 9 根试件复合受扭试验观察，以及对屈服曲线初始刚度、屈服扭矩、极限扭矩、延性、耗能等特性的分析，可以总结出如下结论：

　　1）结构构件总的非弹性变形主要由综合剪应力作用下的剪切变形、部分弯曲变形及开裂后纵向受力钢筋的粘结滑移变形组成，且这三种变形成分是随着结构受力的组成和加载条件的变化而变化的。

　　2）滞回环的形状从屈服时的锥形变化到极限荷载时的弓形以及破坏前的反 S 形。

　　3）开裂扭矩随相对偏心距增大而减小，随轴压比的增大而增大；构件抗扭强度随轴压比的增大而增大；在轴压比、相对偏心距较大的情况下，构件延性较差。

　　4）构件屈服后，随位移等级和循环次数的增加，构件承载能力逐渐退化，且随 σ / f_c 的增大而加重，但等效黏滞阻尼系数随着轴压比、相对偏向距的增大而增大，说明耗能能力增强。

　　5）构件骨架曲线可以用四折线模拟，相对偏心距对无量纲骨架曲线影响不大，轴压比对骨架曲线前期影响较小，在极限承载力之后对曲线影响较大。

　　6）滞回曲线屈服滞回环呈梭形，可以用三折线模拟。

　　7）构件滞回曲线标准滞回环可以用弓形五折线模拟，能清楚地反映出刚度变化和耗能特征。

　　8）滞回曲线破坏滞回环呈反 S 形，可用三折线模型模拟。

　　9）根据滞回曲线特征和初步建立的屈服滞回环模型、标准滞回环模型以及破坏滞回环模型，建立起了构件在复合受扭情况下的受扭恢复力模型，根据该模型可以编制计算机程序，模拟计算钢筋混凝土复合受扭情况下的受扭性能。

参 考 文 献

[1] 方鄂华，钱稼茹. 我国高层建筑设计的若干问题 [J]. 土木工程学报，1999，32（1）.

[2] 日经ヶヘキテクチュヶ. 阪神大震灾の教训 [M]. 东京：日经 BP 社，1995.

[3] 王亚勇. 我国 2000 年抗震设计模式展望 [J]. 建筑结构，1999，29（6）：32-37.

[4] 萧江碧，等. 921 集集大地震建筑物震害调查初步报告 [R]. 建筑研究所，1999（1）.

[5] W Ramberg，W R Osgood. Description of Steel Strain Curve by Three Parameters [R]. Tech. Note 902，National Advisory Committee for Aeronautics，1943（7）.

[6] A Singh，K H Gerstle, et al. The Behavior of Reinforcing Steel under Reversal Loading [J]. J. of ASTM Materials Research and Standards，1965，5（1）.

[7] G L Agrawl，L G Tulin, et al. Response of Reinforced Concrete Beams to Cyclic Loading [J]. J. of

ACI，1965，62 (7).

[8] R H Brown，J O Jirsa. RC Beams under Load Reversal [J]. J. of ACI，1971，68 (5).

[9] D C Kent，R Park. Cyclic Load Behavior of Reinfocing Steel [J] . Strain，1973，9 (3)：98-103.

[10] 朱伯龙，吴明舜，张琨联. 在周期荷载作用下钢筋混凝土构件滞回曲线考虑裂面接触效应的研究
　　　[J]. 同济大学学报，1980 (1)：63-75.

[11] B P Sinha，H K Gerstle，et al. Stress-Strain Relationship for Concrete under Cyclic Loading [J].
　　　J. of ACI，1964，6 (2).

[12] 过镇海，张秀琴. 清华大学抗震抗爆工程研究室科学研究报告集（第三集）·混凝土结构的抗震性
　　　能 [M]. 北京：清华大学出版社，1981.

[13] H E H Roy，M A Sozen. Ductility of Concrete Proc. Inc. Sym. on the Flexural Mechanics of Reinforced
　　　Concrete [R]. ASCE-ACI，1964 (11).

[14] D C Kent，R Park. Flexural Members with Confined Concrete [J]. J. of the Structural Division，
　　　ASCE，1971，97 (7)：1969-1990.

[15] B D Scotta，R Park，M J N Priestley. Stress-Strain Behavior of Concrete Confined by Overlapping
　　　Hoops at Low and High Strain Rates [J]. Journal of ACI，1982，79 (1).

[16] J B Mander，M J N Priestley，R Park. Theoretical Stress-Strain Behavior of Concrete [J]. Journal of
　　　Structural Engineering，ASCE，1988，114 (8).

[17] R W Clough，S B Johnston. Effect of Stiffness Degradetion on Earthquake Ductility Requirements
　　　[R]. Proc. of 2th Japan Earthquake Engineering Sym. ，Tokyo，Japan，1966.

[18] T Takeda，M A Sozen，N M Nielson. Reinforced Concrete Response to Simulated Earthquake [J].
　　　J. of Structural Div. ，ASCE，1970，96 (12).

[19] M Saiidi. Hysteresis Models for Reinforced Concrete [J]. J. of Structural Div. ，ASCE，1982，108
　　　(5).

[20] J B Mander，M J N Priestley，R Park. Seismic Design of Bridge Piers [R]. University of Canterbu-
　　　ry，Christchurch，N. Z. ，1984.

[21] Y J Park，A H S Ang. Mechanistic Seismic Damage Model for Reinforced Concrete [J]. J. of Struc-
　　　tural Div. ，ASCE，1985，111 (4)：722-739.

[22] Y J Park，A H S Ang. Seismic Damage Analysis of Reinforced Concrete Buildings [J]. J. of Structur-
　　　al Div. ，ASCE，1985，111 (4)：740-757.

[23] H Aoyama. Simple Nonlinear Models for the Seismic Response of Reinforced Concrete Buildings [R].
　　　U. S. Japan Cooperative Research Program in Earthquake Engineering with Emphasis on the School
　　　Buildings，1976.

[24] K Muto. Earthquake-Resistant Design of Tall Buildings in Japan [R]. Muto Inst. of Structural Me-
　　　chanics，1973.

[25] M S L Roufaiel，C Meyer. Analytical Modeling of Hysteretic Behavior of R. C. Frames [J]. Journal of
　　　the Structural Division，ASCE，1987，113 (3)：429-444.

[26] 林圣华. 结构试验 [M]. 南京：南京工学院出版社，1987.

[27] 傅恒箐，林圣华. 建筑结构试验 [M]. 北京：冶金工业出版社，1993.

第4章 高强钢筋混凝土在单调扭矩
作用下的试验研究

4.1 概　述

这里所指的高强混凝土（HSC）是指抗压强度在 60MPa 以上、以硅酸盐水泥为基本胶凝材料的混凝土。HSC 没有固定的组成材料或配合比，所采用的原材料与普通强度混凝土没有本质的区别。然而，HSC 一般都含有高效减水剂和超细矿物掺合料，如硅粉、粉煤灰和矿渣，HSC 的水胶比较低，最大骨料粒径较小，此外所使用的高效减水剂与水泥之间必须有较好的相容性[1,2]。

随着科学技术的进步和社会的发展，现代建筑不断向大跨度、高层、超高层、重型建筑结构、预应力结构和海洋结构等方向发展，高强混凝土的研究与应用取得了突破性进展。其混凝土强度高，可在满足结构受力和结构功能的前提下减小结构构件的截面尺寸，降低自重，减少用钢量，增大建筑空间。一般情况下，混凝土强度等级由 C30 提高到 C60，结构自重可减少 1/3，受压构件节约混凝土 30%～40%，受弯构件节约混凝土 15%～20%。60～130MPa 的高强混凝土成功地在许多实际工程中得到应用。

目前，国内外对高强混凝土的研究集中在以下几个方面[3,4]：在高强混凝土材料方面，主要着重于高强混凝土的物理力学性能的研究，配合比及活性掺合料等对高强混凝土质量的影响、高强混凝土的耐久性和抗渗、抗裂性能研究，应用高强混凝土的低渗透性、高护筋性、高耐磨性等提高结构寿命[5]，适用于桥面、路面、海洋工程以及水利工程受冲刷部位如消力池、泄洪洞、溢流面等；应用高强混凝土的高早期强度缩短拆模时间，提高施工速度，适用于各种快速施工工程；应用高强混凝土的较高弹性模量、较小徐变与干缩、较高预应力和较高与钢筋的粘结强度，减小梁板的挠度或增大梁板的跨度等；在高强混凝土结构构件的受力性能方面，多着重于高强钢筋混凝土梁的刚度、抗裂性能的研究、高强混凝土无腹筋梁的抗剪强度及疲劳抗剪强度的研究、高强钢筋混凝土压弯剪构件受剪承载力的研究以及自密实高性能混凝土梁的抗剪性能的研究，应用高强混凝土可以减小抗压构件的截面尺寸和降低配筋量[6]，适用于高层建筑、桥墩等；对高强钢筋混凝土柱，仍着重于箍筋约束短柱的受力性能、高强钢筋混凝土柱的轴压、偏压、压剪以及弯剪性能等[7-11]，而对高强钢筋混凝土框架柱复合受扭性能的研究十分缺乏，只有少量文章报道了高强钢筋混凝土弯剪扭构件的剪扭工作性能[12]，高强混凝土偏压弯剪构件抗扭性能的研究尚属空白。

4.2　国内外对高强混凝土的研究现状及发展趋势

国内外有关高强混凝土的研究和应用发展很快。应该说，高强混凝土在国际上已是一项比较成熟的技术，挪威的混凝土结构设计规范中混凝土强度等级最高的已到 C105（相当于我国的 C95），欧洲国际混凝土委员会编制的 1990CEB/FIP 模式规范（混凝土结构）中混凝土强度等级最高到 C80（相当于我国的 C90）。

美国是将高强混凝土最早用于高层建筑的国家，在 20 世纪 70～80 年代修建了大量工程，其中应用的混凝土设计强度已达到相当于我国 C50～C60 混凝土，如 1975 年在芝加哥，79 层的高水塔广场大厦，从地下室至第 25 层的柱子用了 C70 级混凝土。

目前世界上有代表性的高层建筑是 1998 年建成的马来西亚吉隆坡市的 City Center 双塔大厦，这一双塔楼高 452m，88 层，底层钢筋混凝土受压构件的混凝土设计强度等级为 C80。

日本对高强混凝土的应用也十分广泛，并且近些年开始用高强混凝土修建抗震高层建筑。1992 年，大阪建成一幢高层建筑，41 层，129.8m 高，用的是 C60 级高强混凝土，并研究 60～70 层高层建筑，进行试设计和抗震分析，认为采用 C110 级混凝土建造这类高层建筑是可行的，柱子断面可控制在 1m×1m 之内。1989 年在美国芝加哥建成的南瓦克大厦，为 70 层、293m 高强钢筋混凝土结构，其承载力为 20MN 的钢筋混凝土柱曾考虑了三种设计方案，见图 4.1。三种设计方案为：混凝土强度 45MPa，配筋率 μ=4.0%；混凝土强度 85MPa，配筋率 μ=1.0%；混凝土强度 85MPa，配筋率 μ=4.0%。通过技术、经济全面比较，选择了将配筋率降低到 1%，将截面减小为 1.0m×0.64m 的设计方案，使

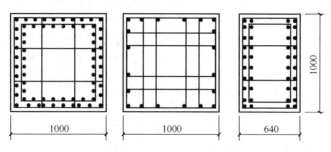

图 4.1　南瓦克大厦柱设计方案比较

高强柱的混凝土用量减少 36%，钢筋用量减少 34%。

　　一些国家高强混凝土规范的制定和典型工程中所使用的混凝土强度等级如表 4.1 所示。

表 4.1　各国高强混凝土规范颁布年代及工程中使用的混凝土强度

国家	规范与颁布年代	最高强度等级 /MPa	试件形状与尺寸
国际标准	CEB-FIP Model Code MC1990	80	150/300mm 圆柱试件
挪 威	NS3473-1992	105 94	100mm 立方试件 150/300mm 圆柱试件
芬 兰	Rak MK B41983/84 的增补 DBY34-1991	100	150mm 立方试件
美 国	ACI 318-1989	无	152/304mm 圆柱试件
加拿大	CSA A23.1，23.2，23.3-1998	无	150/300mm 圆柱试件
日 本	JSCE 高强混凝土设计施工规范（草案）—1980	80	100/200mm 圆柱试件
德 国	DIN1045、DIN488 和 DIN1055 的增补—1993	115	200mm 立方试件
瑞 典	BBK79	80	150mm 立方试件
荷 兰	NEN6720、NEN5950 和 NEN6722 的增补—1994	100	150mm 立方试件
英 国	高强混凝土设计指南—1998	105	150mm 立方试件

　　国内研究和应用高强混凝土方面发展也很迅速。随着我国城市建设规模迅速发展，以及大规模基础设施建设高潮的出现，高强混凝土在技术和经济效益上的巨大优越性正日益为人们所认识。我国已建的 100m 以上的高层建筑中，有 1/3 以上应用了高强混凝土。另外，在铁路和公路大型桥梁中采用高强混凝土的比例要更大些。

　　在框架柱的受扭行为方面，国内外在普通混凝土应用领域都有较全面的论述[13,14]，《混凝土结构设计规范》（GB 50010—2002）根据 89 规范的复合受扭构件剪扭承载力以有腹筋构件的剪扭承载力相关关系为 1/4 圆曲线作为校正线，采用混凝土部分相关、钢筋不相关的手法建立设计计算公式。压弯剪扭构件中的剪扭承载力相关关系与剪扭构件中的剪扭承载力相关关系是否相同，其相似关系程度如何，都缺乏足够的试验依据[15-18]，且规范中给出的框架柱的受剪扭承载力计算公式，"与试验结果的比较，其符合程度尚好，且偏于安全"；另外，高强混凝土对压弯剪扭构件受扭性能的影响，规范也没有明确条文。因此，从土建行业的发展方向和结构设计的需求出发,应尽快对高强混凝土复合受扭构件进行大量试验研究,为修订规范积累资料。

本章着重探讨 HSC 在钢筋混凝土压弯剪扭复合受力构件中的应用问题,模拟框架结构的角柱,对高强混凝土偏压弯剪构件的抗扭性能进行试验研究,并与普通强度混凝土复合受扭构件[19-23]进行对比。

4.3　试件设计与制作

4.3.1　试件模型设计原则

本章研究复合受力情况下高强混凝土构件的抗扭行为,试件设计是参照《混凝土结构设计规范》(GB 50010—2010)和《建筑抗震设计规范》(GB 50011—2010)[24]的要求进行的,并制订加载方案,使试件不先发生弯曲破坏和剪切破坏,满足构件在受扭破坏时纵筋、箍筋能够屈服。

4.3.2　试验试件的参数控制与数量分配

本试验共做了 14 根试件,按试验目的[25-27]分配数量,其中 8 根试件研究高强混凝土压、弯、剪构件在单调扭矩作用下的抗扭性能,试验时试件的剪跨比 $\lambda=\dfrac{l}{h_0}=3.58$ 并保持不变,剪跨比 λ 反映了截面所受弯矩和剪力的相对大小。这实际上也反映了截面上正应力 σ 与剪应力 τ 的相对比值。

1) 以轴压比 $\dfrac{\sigma}{f_c}$ 和相对偏心距 $\dfrac{e_0}{h_0}$ 为参数。当轴压比 $\dfrac{\sigma}{f_c}$ 控制为 0.2、0.2、0.2、0.3、0.3、0.3、0.4、0.4 时,相对偏心距 $\dfrac{e_0}{h_0}$ 分别取 0.2、0.3、0.4、0.2、0.3、0.4、0.3、0.4,共计 8 根试件。相对偏心距的大小是通过改变剪力继而改变弯矩的大小来实现的。

2) 把轴压比 $\dfrac{\sigma}{f_c}$ 控制为 0.3,相对偏心距 $\dfrac{e_0}{h_0}$ 控制为 0.2、0.3、0.4,做 3 根双向偏压构件,偏心角为 45°,研究不同偏心角对高强混凝土压、弯、剪构件抗扭性能的影响。

3) 把轴压比 $\dfrac{\sigma}{f_c}$ 控制为 0.3,相对偏心距 $\dfrac{e_0}{h_0}$ 控制为 0.2 时,做 3 根不同纵筋面积的试件,与 1) 中的相应试件作比较,研究不同配筋强度比对高强混凝土压、弯、剪构件抗扭性能的影响。

4.3.3　试件的制作

试件尺寸：柱截面 $b \times h = 250\text{mm} \times 250\text{mm}$，柱高 $L = 760\text{mm}$，扭矩套箍高 $L' = 160\text{mm}$，计算高度 $L_0 = 680\text{mm}$，柱长细比 $\dfrac{L_0}{h} = \dfrac{680 \times 2}{250} = 5.44$，可以避免产生短柱和长柱的影响。柱顶端为自由端，底部为固定端，基础外形尺寸为 $350\text{mm} \times 450\text{mm} \times 800\text{mm}$。

试件配筋：试件采用对称配筋，纵筋为 4 Φ 20，配筋率 $\rho_{st} = \dfrac{A_{st}}{bh_0} = 2.2\%$，箍筋为 $\Phi 8@70$，配箍率为 $\rho_{sv} = \dfrac{2A_{st1}}{b \cdot s} = 0.57\%$，配箍特征值 $\lambda_v = \dfrac{2A_{st1}}{f_c} = 0.044$。箍筋净保护层厚为 15mm，纵筋与箍筋的配筋强度比为 $\xi = \dfrac{f_y A_{st} s}{f_{yv} A_{sv1} U_{cor}} = 3.3$。以上配筋用于 4.3.2 节中的 1)、3) 共 11 根试件。为保证加载部位局部不先破坏，在柱顶以下高度 160mm 范围内箍筋加密，为 $\Phi 8@50$。另外，配 3 根纵筋面积不同的试件，纵筋分别为 4 Φ 16、4 Φ 18、4 Φ 22，配筋率分别为 $\rho_{st} = \dfrac{A_{st}}{bh_0} = 1.42\%$，$1.8\%$，$2.68\%$，箍筋为 $\Phi 8@70$，配箍率为 $\rho_{sv} = \dfrac{2A_{st1}}{bs} = 0.57\%$。箍筋净保护层厚为 15mm，纵筋与箍筋的配筋强度比分别为 $\xi = \dfrac{f_y A_{st} s}{f_{yv} A_{sv1} U_{cor}} = 2.1$，$2.7$，$3.97$。试件主要参数见表 4.2，构件尺寸及配筋见图 4.2。

表 4.2　试件主要参数

项目 试件 编号	研究参数		混凝土强度		纵筋			箍筋	
	$\dfrac{\sigma}{f_c}$	$\dfrac{e_0}{h_0}$	f_c	f_t	Φ	A_l	f_y	A_{st}	f_{yv}
H2-2	0.2	0.2	38.5	2.86	20	1256	379	50.24	448.6
H2-3	0.2	0.3	38.5	2.86	20	1256	379	50.24	448.6
H2-4	0.2	0.4	38.5	2.86	20	1256	379	50.24	448.6
H3-2	0.3	0.2	35.2	2.74	20	1256	379	50.24	448.6
H3-3	0.3	0.3	35.2	2.74	20	1256	379	50.24	448.6
H3-4	0.3	0.4	35.2	2.74	20	1256	379	50.24	448.6
H4-3	0.4	0.2	35.2	2.74	20	1256	379	50.24	448.6
H4-4	0.4	0.3	35.2	2.74	20	1256	379	50.24	448.6

续表

项目 试件 编号	研究参数		混凝土强度		纵筋			箍筋	
	$\dfrac{\sigma}{f_c}$	$\dfrac{e_0}{h_0}$	f_c	f_t	ϕ	A_l	f_y	A_{st}	f_{yv}
H3-2-2	0.3	0.2	32.4	2.63	20	1256	379	50.24	448.6
H3-3-3	0.3	0.3	32.4	2.63	20	1256	379	50.24	448.6
H3-4-4	0.3	0.4	32.4	2.63	20	1256	379	50.24	448.6
H16	0.3	0.2	32.4	2.63	16	804	348	50.24	448.6
H18	0.3	0.2	32.4	2.63	18	1017	386	50.24	448.6
H22	0.3	0.2	32.4	2.63	22	1520	350	50.24	448.6

注：1. Ha-b(-b)，a 表示轴压比×10，b 表示相对偏心距×10。

　　2. 构件截面尺寸 b×h=250mm×250mm，箍筋间距 s=70mm。

　　3. f_c、f_t、f_y、f_{yv} 的单位为 N/mm²，A_l、A_{st} 的单位为 mm²，ϕ 的单位为 mm。

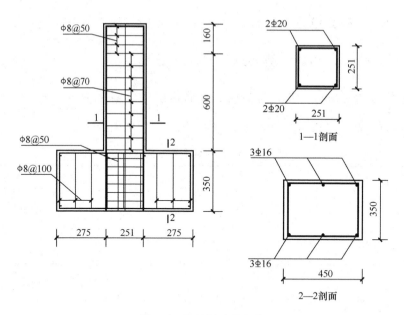

图 4.2　构件尺寸及配筋

4.3.4　高强混凝土的配制

高强混凝土设计强度等级为 C60，采用强度等级为 525 的普通硅酸盐水泥配制。钢筋和混凝土强度试验值见表 4.2，混凝土的重量配合比 W：C：S：G＝

165∶540∶604∶1074。外加剂为清华高效减水剂，掺量为 1.5％。试件的加工制作是在青岛建筑工程学院结构试验室完成的，采用木模板制作，混凝土为机械搅拌，高频振捣棒振捣。由于混凝土量较大，分 5 批制作，每批混凝土浇筑时预留标准试块 100mm×100mm×100mm 立方体 3 块，与试件在完全相同的条件下养护，试验前用来测定混凝土的立方体抗压强度 f_{cu}。

4.4　试验方案

4.4.1　试件的安装与加载设备

试验是在自制的加载装置（图 2.2）上进行的，与第 2 章中试验不同的是本次试验试件下部两侧小横梁和底座用地锚螺栓固定，试件底部四角用四个千斤顶顶住，使试件底部形成固定端。采用电动高压油泵及 1000kN 双油路油压千斤顶，采用两个 LSWEB-125T 型作动器，通过扭矩臂施加扭矩，荷载范围为±250kN，行程±200mm，系统精度 1％。

该试验的复合作用力分别采用不同的设备施加，可以实现压、弯、剪、扭的相互独立性[15,16]。轴压力和水平剪力施加完毕后，扭矩由两相同的液压伺服作动器施加，试验过程中两作动器作用力保持大小相等、方向相反，从而实现了在弯压剪作用力一定的情况下研究构件的受扭行为。

4.4.2　测试内容及方法

测试内容及方法基本同 2.2.4 节。钢筋应变：纵筋、箍筋的应变测点如图 4.3 所示，共 24 个测点，采用箔式胶基 BE120-3AA 型电阻应变片测量。以上各项采用 YD-28、YD-15 型动态电阻应变仪测量，并通过 HP34970A 采集仪实现与计算机的连接，从而实现数据的快速采集及处理。

4.4.3　加载方案

试验时，先将轴压力和侧向剪力加到预定值并保持恒定，然后施

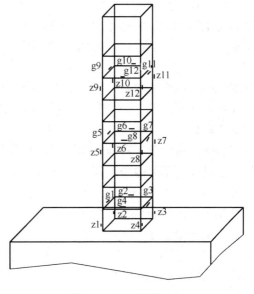

图 4.3　应变片的布置

加扭矩。具体试验步骤同 2.2.5 节，先将轴压力 N、剪力 V 先后按 5% 预加载，稳定后，扭矩亦按 5% 荷载并循环一次作为预载，调整轴压力和剪力施加稳定后，开始单调施加扭矩，直到构件破坏。试件的屈服是通过估算屈服扭矩并结合试验观察得到，定义在力控制时作动器位移突然变大则试件屈服。

4.5　试验过程及结果分析

4.5.1　试验及裂缝发展过程

　　由试验得到的各试件开裂、屈服、最大扭矩及极限扭转角均记录于表 4.3（见 4.5.4 节）试验原始数据中，表中开裂扭矩 T_{cr} 是指构件施加扭矩后首次出现斜裂缝时的扭矩值，它是由试验观察初始斜裂缝，并结合扭矩-转角曲线得到的，相应的扭角为开裂扭角 θ_{cr}；屈服扭矩 T_y 是当扭矩-转角曲线上有明显屈服台阶时初始屈服点对应的扭矩值，相应的扭角为屈服扭角 θ_y；最大扭矩 T_u 是指扭矩-转角曲线的峰值点所对应的扭矩值；极限扭矩是指扭矩-转角曲线下降段对应于 $0.85T_u$ 的扭矩值，相应的扭角为极限扭角为 θ_u。图 4.4 为试件四个侧面的裂缝情况，图中（1）、（2）、（3）、（4）分别表示试件的剪应力相加面、弯曲受压面、剪应力相减面和弯曲受拉面。初始斜裂缝一般出现在剪应力相加面的中部靠下的位置；在剪力较大时，初始斜裂缝在剪应力相加面和弯曲受拉面几乎同时出现。初始斜裂缝出现时，测量转角的千分表读数有明显的增大现象。随着扭矩的增加，斜裂缝向两边延伸，裂缝宽度增加，较易于观察。当扭矩再增加 1~2 级时，弯曲受拉面也出现斜裂缝。扭矩进一步增加，剪应力相加面和弯曲受拉面的斜裂缝进一步扩展。当扭矩再增加 2~4 级时，剪应力相减面和弯曲受压面也相继出现斜裂缝，此时弯曲受拉面和剪应力相加面的初始裂缝进一步延伸，并出现第二条、第三条斜裂缝。随着扭矩的不断增大，各个侧面的斜裂缝逐渐延伸、变宽，最后各个面的裂缝呈螺旋状贯通，此时扭矩-转角曲线上有明显的屈服台阶，荷载控制改为位移控制。随着位移的不断增加，裂缝的宽度明显增大，延伸的速度明显加快，贯通的裂缝也增多，其中贯通的裂缝中有 1~2 条较宽的主裂缝。与此同时，弯曲受压面出现明显的竖向受压裂缝，局部的混凝土还出现压碎现象。此时，扭矩-转角曲线已经过了峰值点，进入下降段，荷载开始退化。位移再增加时，弯曲受拉面开始有混凝土起皮、脱落现象，并时有"啪啪"声。最后，有裂缝宽度超过 3mm，弯曲受压面的混凝土也出现大量的压碎，位移基本已控制不住，构件此时丧失了承载能力而破坏。

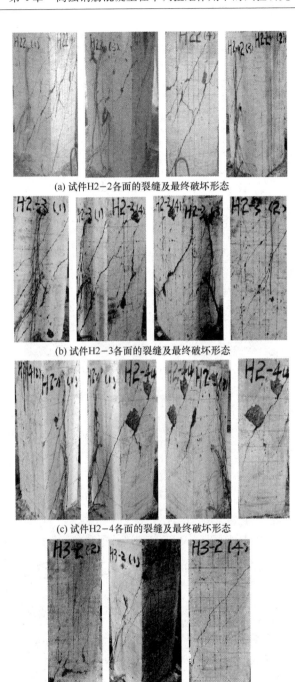

(a) 试件 H2-2 各面的裂缝及最终破坏形态

(b) 试件 H2-3 各面的裂缝及最终破坏形态

(c) 试件 H2-4 各面的裂缝及最终破坏形态

(d) 试件 H3-2 各面的裂缝及最终破坏形态

图 4.4　试件裂缝及最终破坏形态

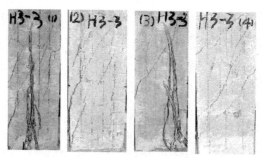

(e) 试件H3-3各面的裂缝及最终破坏形态

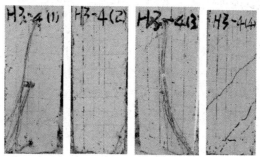

(f) 试件H3-4各面的裂缝及最终破坏形态

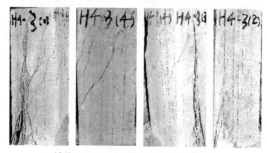

(g) 试件H4-3各面的裂缝及最终破坏形态

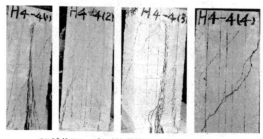

(h) 试件H4-4各面的裂缝及最终破坏形态

图 4.4　试件裂缝及最终破坏形态（续）

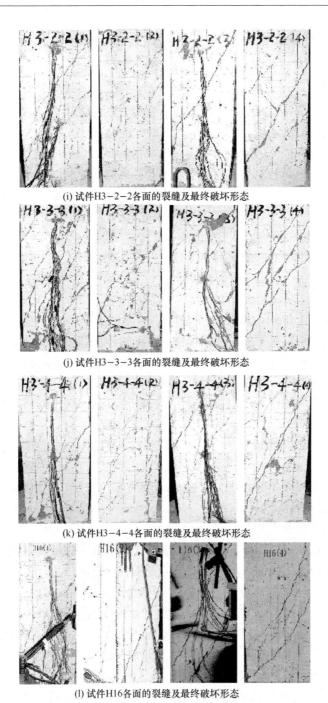

(i) 试件H3-2-2各面的裂缝及最终破坏形态

(j) 试件H3-3-3各面的裂缝及最终破坏形态

(k) 试件H3-4-4各面的裂缝及最终破坏形态

(l) 试件H16各面的裂缝及最终破坏形态

图 4.4　试件裂缝及最终破坏形态（续）

4.5.2 裂缝发展规律及试件破坏形态

1. 裂缝发展共同点

观察构件的破坏情况，可以得出以下裂缝发展的规律：

每个面内的裂缝发展方向大体一致，4 个面的斜裂缝都能形成螺旋状。仔细观察，可以看出各个面的斜裂缝倾角（倾角指的是斜裂缝与构件纵轴线的夹角）并不相同，同一个面的斜裂缝倾角也不相同。弯曲受拉面（4 面）的裂缝倾角较大，有的大于 45°［H2-4（4）］，但都小于 90°。弯曲受压面（2 面）的裂缝倾角较小，一般为 0°～45°，尤其是在构件根部处的裂缝倾角更小，接近于 0°。剪应力相加面（1 面）和剪应力相减面（3 面）的裂缝发展规律介于（2 面）和（4 面）之间。试件中部的裂缝比较密集且发展充分，说明试件中部破坏较严重。

2. 试件破坏形态

当配筋强度比相同，加载方式基本一致时，高强钢筋混凝土压、弯、剪、扭构件在单调扭矩作用下的破坏情况主要受到轴压比和相对偏心距的影响。

轴压力的存在能延缓斜裂缝的出现，即轴压力可以提高构件的开裂扭矩，并使斜裂缝倾角变小，轴压比越大，其影响程度就越大。与此相反，剪力的施加则能促进斜裂缝的出现，也就降低了开裂扭矩。下面分四类情况具体讨论试件的破坏形态。

对于轴压比和相对偏心距均较小的构件，如 H2-2，随着扭矩的增加，四个面上斜裂缝都比较直且均匀，最后贯通形成螺旋状。在最大荷载时，弯曲受压面混凝土的受压裂缝不是很明显。此时，箍筋已经屈服，但纵筋尚未屈服。破坏情况与轴压扭构件类似。

对于轴压比较大而相对偏心距较小的构件，如 H3-2、H3-3、H4-3 等，与上述构件有类似的破坏特征，只是在弯曲受拉面的斜裂缝与构件纵轴线的夹角变大，而在弯曲受压面的根部出现明显的受压竖向裂缝。

对于轴压比较小而相对偏心距较大的构件，如 H2-3、H2-4、H3-4 等，在四个面上也产生了螺旋状斜裂缝，在弯曲受拉面下部的斜裂缝倾角较大，而在上部的斜裂缝倾角较小，且在顶棱附近变得平缓。当达到最大扭矩时，在顶部出现明显的起皮、剥落现象。剪应力相加面和剪应力相减面的顶部斜裂缝，在靠近弯曲受压面角棱处裂缝较陡，倾角较小；在靠近弯曲受拉面角棱处，斜裂缝逐渐变得平缓，甚至出现横向裂缝。在最大扭矩时，箍筋及受拉纵筋都能屈服。

以上构件的破坏形态均表现为受扭破坏为主的特点，可称为扭型破坏，并将其看作高强混凝土压、弯、剪、扭构件建立抗扭强度计算公式的依据。

当轴压比和相对偏心距均较大时，如 H4-4 构件，除弯曲受拉面的斜裂缝表现为受扭 45°斜裂缝以外，其他三个侧面的裂缝几乎全部为较陡的竖向裂缝，特别是弯曲受压面的下部，裂缝较长且宽 [H4-4（4）]，并且混凝土局部压碎明显。此时，受拉纵筋的中部和根部都可以屈服，中部箍筋也有屈服。构件破坏时挠度较大，表现出与偏压构件相似的破坏特征，可称为弯型破坏。

4.5.3　钢筋应变分析

1. 纵筋应变

（1）扭矩-纵筋应变关系

施加扭矩前，由于轴压力和剪力的存在，纵筋的应变情况不尽相同。由于轴压力和弯矩对弯曲受压筋都产生压应力，所有的弯曲受压筋均为压应变，如图 4.6 所示，压应变的大小随轴压比和偏心距的增大而增大。而对于弯曲受拉筋，轴压力对其产生的是压应力，而弯矩对其产生的是拉应力，因此随着轴压比和相对偏心距的不同，弯曲受拉筋可能受压，也可能受拉。其中，受压的构件有 H2-2 等，如图 4.5（a）所示；受拉的构件有 H2-4、H4-4 等，如图 4.5（b）～（e）所示。另外，同一根纵筋在不同高度处拉压情况也不尽相同，详细分析见下文。

施加扭矩后，由于扭矩的不断增大，纵筋在原来的受力基础上又增加了拉应力。对于弯曲受拉筋，原来处于受压状态的，纵筋压应变逐渐被扭矩产生的拉应变抵消，并转化成拉应变，如图 4.5（a）所示；原来处于受拉状态的，纵筋拉应变与扭矩产生的拉应变相叠加，使拉应变值更大，如图 4.5（b）所示。对于弯曲受压纵筋，由于扭矩产生的拉应力不断增大，纵筋原来的压应变逐渐减小，最后弯曲受压筋可能受压 [图 4.6（a）] 也可能受拉 [图 4.6（b）、（c）]。

由扭矩-应变图可以看出，构件开裂前，扭矩与应变成线性关系；开裂后，随着扭矩的增大，应变曲线迅速偏向应变轴，当扭矩达到最大值时，弯曲受拉筋有的没有屈服 [图 4.5（a）、（b）]，有的接近屈服 [图 4.5（c）]，有的达到屈服 [图 4.5（d）、（e）]。而对于弯曲受压筋，一般不会屈服，如图 4.6 所示。在最大扭矩之后，随着扭矩的减小应变继续增大，直至构件破坏。

（2）纵筋各测点应变分布规律

以试件 H2-2、H2-3、H2-4 说明在不同高度处纵筋各测点应变的分布规律。

由于弯矩的作用，同一根纵筋在不同高度处的应变是不相同的。对于弯曲受压筋，沿构件从根部到顶部压应力依次减小，如图 4.7（a）所示，z_2、z_6、z_{10} 分别为试件 H2-2 弯曲受压筋底部、中部和顶部的纵筋应变测点，可以看出，

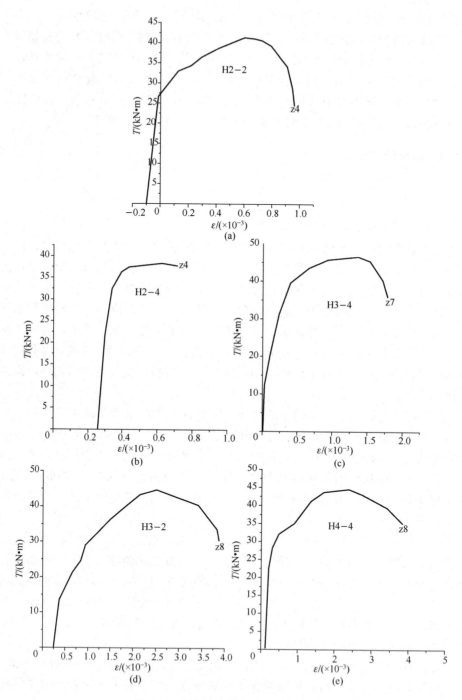

图 4.5　弯曲受拉纵筋扭矩-应变曲线

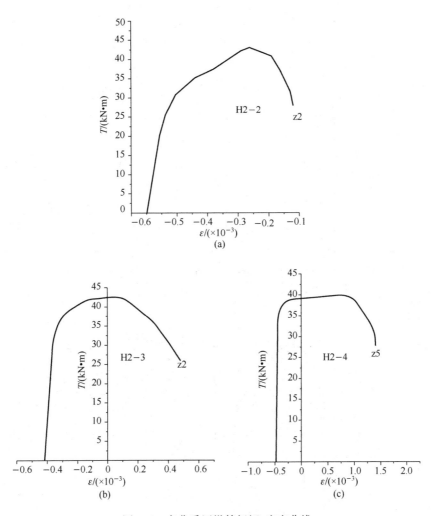

图 4.6　弯曲受压纵筋扭矩-应变曲线

在扭矩施加前它们的应变值都为负，为压应变，并且压应变 $\varepsilon_{z2} > \varepsilon_{z6} > \varepsilon_{z10}$。图 4.7（b）是试件 H2-3 弯曲受压筋不同高度处纵筋测点应变关系，可以得到同样的结论，但与 H2-2 相比，由于弯矩较大，试件 II2-3 各测点的初始压应变值均要大。

对于弯曲受拉筋，在施加扭矩前，构件从根部到顶部的应变从拉应变转变为压应变，如图 4.8（a）所示，z3、z7、z11 分别为试件 H2-3 弯曲受拉筋底部、中部和顶部的纵筋应变测点，可以看出，应变 $\varepsilon_{z3} > 0$、$\varepsilon_{z7} < 0$、$\varepsilon_{z11} < 0$，并且有 $\varepsilon_{z3} > \varepsilon_{z7} > \varepsilon_{z11}$。图 4.8（b）是试件 H2-4 弯曲受拉筋不同高度处纵筋测点应变关系，可以得到同样的结论，但与 H2-3 相比，由于弯矩较大，试件 H2-4 各测点

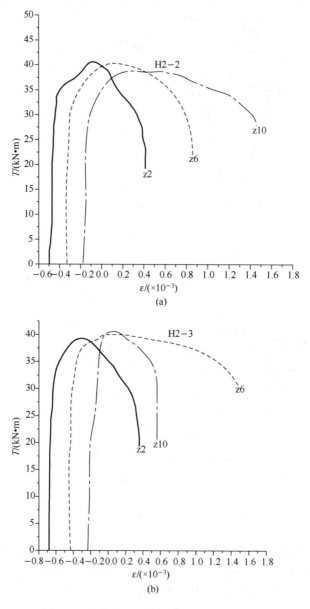

图 4.7　弯曲受压纵筋各测点扭矩-应变曲线

的初始压应变值均要大一些。

　　施加扭矩后到构件开裂前，由于扭转拉应力的作用，各测点压应变逐渐减小，拉应变逐渐增大，扭矩和应变成线性关系。

　　开裂后到屈服前，构件各纵筋测点应变普遍比开裂前高，且构件中部纵筋

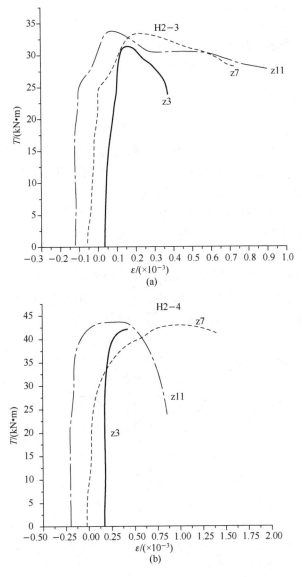

图 4.8　弯曲受拉纵筋各测点扭矩-应变曲线

应变变化比较明显，原因是斜裂缝先于试件中部出现，随着裂缝的发展，原有混凝土承担的部分力逐步转给了纵筋和箍筋，使它们的应变值迅速增大。此后，扭矩进一步增大，根部纵筋由于受到基础的约束应变发展不如中部和顶部快，应变变化的大小顺序为 $\Delta\varepsilon_{中} > \Delta\varepsilon_{上} > \Delta\varepsilon_{下}$。

屈服后到最大扭矩前，由于屈服是从箍筋开始的，此时的纵筋应变变化不是很大，纵筋还远没有屈服。

构件达到最大扭矩后，大部分箍筋已经屈服，混凝土受压区面积进一步减小，受拉纵筋应变迅速增大，接近或进入屈服阶段，荷载明显退化，变形不断增长，直至混凝土压碎，构件破坏。

2. 箍筋应变

（1）扭矩与箍筋应变的关系

施加扭矩前，由于水平剪力的作用，剪应力相加面箍筋和剪应力相减面箍筋产生初始拉应变。施加扭矩后，对于剪应力相加面箍筋，如图 4.9 所示，由于扭转拉应变的叠加作用，箍筋的拉应变在原有的拉应变基础上线性增长。随着混凝土的开裂，箍筋承担的力越来越大，应变增加速度变快，使扭矩-应变曲线斜率变小。而对于剪应力相减面箍筋，如图 4.10 所示，由于箍筋初始拉应变与扭转拉应变的方向相反，扭转拉应变首先要抵消箍筋原有的拉应变，使箍筋的应变回零，然后再反方向增长。扭矩进一步增大，箍筋屈服，此时的扭矩-应变曲线变得比较平缓。当扭矩达到最大，剪应力相加面箍筋一般都能达到屈服，而剪应力相减面箍筋只有部分能达到屈服，如图 4.10（a）所示。

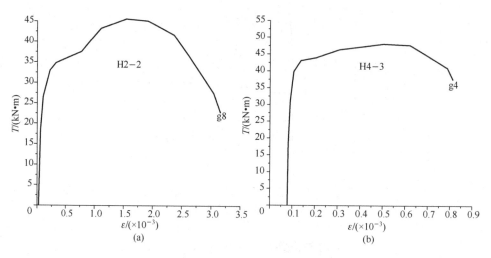

图 4.9　剪应力相加面箍筋扭矩-应变曲线

对于弯曲受拉面和弯曲受压面箍筋，剪力对其基本不产生初始应变，如图 4.11、图 4.12 所示。扭矩作用初期，箍筋应变与扭矩线性关系增大，且曲线斜率较大；构件开裂后，曲线斜率变小；当构件屈服时，曲线已变得比较平缓；扭矩达到最大时，各面箍筋一般也能达到屈服。

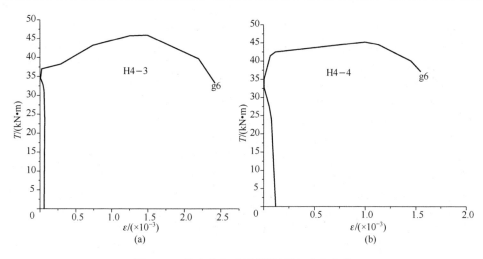

图 4.10　剪应力相减面箍筋扭矩-应变曲线

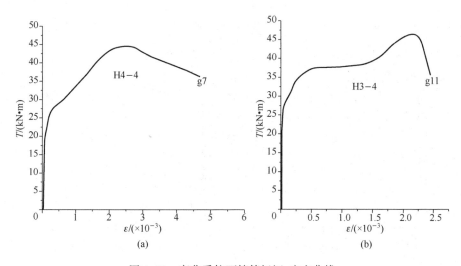

图 4.11　弯曲受拉面箍筋扭矩-应变曲线

（2）不同高度处箍筋各测点的应变变化规律

图 4.13 为不同高度处箍筋扭矩-应变曲线。构件开裂前，沿构件高度箍筋应变差值很小，曲线斜率大小基本一致。开裂后到屈服前，由于混凝土初始裂缝出现在试件中部，中部箍筋（g7、g8）的应变增加较快，曲线偏向应变轴，上部箍筋（g11、g12）的应变相对增长较慢，而根部箍筋（g3、g4）的应变增长最慢。随着混凝土裂缝的不断扩展，箍筋应变继续增大，而中部的裂缝发展最为充分，导致中部的箍筋最先屈服，直到最大扭矩后，顶部箍筋一般也会屈服。试件破坏时，中部箍筋的应变可达 3000～5000$\mu\varepsilon$，而根部箍筋一般不屈服。

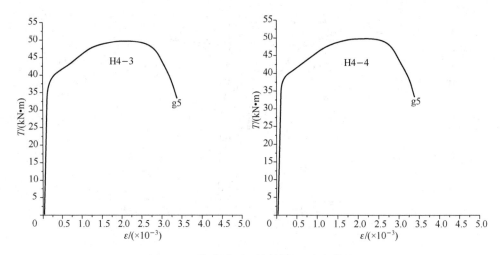

图 4.12　弯曲受压面箍筋扭矩-应变曲线

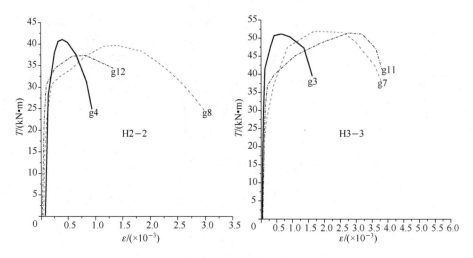

图 4.13　不同高度处箍筋扭矩-应变曲线

4.5.4　试验结果一览

表 4.3　试验结果一览表

项目 试件 编号	实测外力 /kN（kN·m）			实测扭矩 /(kN·m)			实测扭角 /(×10⁻³rad/m)			延性 系数	初始刚度 $/\left(\times\dfrac{10^3\,\text{kN}\cdot\text{m}}{\text{rad/m}}\right)$
	N	V	M	T_{cr}	T_y	T_u	θ_{cr}	θ_y	θ_u	μ	K_{cr}
H2-2	481.3	32.8	19.7	30.8	33.55	42.81	6.52	14.6	74	5.068	4.728

续表

项目 试件 编号	实测外力 /kN（kN・m）			实测扭矩 /(kN・m)			实测扭角 /(×10⁻³rad/m)			延性 系数	初始刚度 / (×(10³kN・m)/(rad/m))
	N	V	M	T_{cr}	T_y	T_u	θ_{cr}	θ_y	θ_u	μ	K_{cr}
H2-3	481.3	49.2	29.5	27.8	33.2	41.04	6.49	14.12	61.75	4.373	4.285
H2-4	481.3	65.6	39.4	23.9	32	40.5	7.78	13.80	54	3.9	3.082
H3-2	660	45	27	25.6	35.7	44.81	9.86	29.3	79	2.71	2.603
H3-3	660	67.5	40.5	28.7	39.98	47.25	6.32	13.70	96.75	7.062	4.546
H3-4	660	90	54	23.9	37.23	44.41	6.01	13.3	58.5	4.398	3.985
H4-3	880	90	54	34.4	39.85	48.36	5.06	8.28	47.09	5.687	6.802
H4-4	880	120	72	27.7	41.38	46	4.66	13.81	56.86	4.117	5.948
H3-2-2	607.5	36	21.6	32.5	40.2	44.23	4.94	8.39	60.1	7.24	6.597
H3-3-3	607.5	54	32.4	25.2	34.1	42.32	6.33	17.32	93.64	5.406	4.423
H3-4-4	607.5	72	43.2	23.9	32.4	39.6	9.49	17.6	85.6	4.864	2.747
H16	607.5	36	28.2	35.4	37.6	40.35	9.38	11.17	39.79	3.56	3.774
H18	607.5	36	28.2	26.8	32.7	34.6	7.85	14.1	49.9	3.5	3.41
H22	607.5	36	28.2	41.1	42.5	52.1	13.8	21.4	83.7	3.9	2.97

4.6　单调扭矩作用下受扭行为分析

压、弯、剪、扭构件的抗扭性能受到材料（包括钢筋和混凝土）性能、配筋强度比、截面尺寸、加载方式等多种因素的影响。另由试验观察到，初始裂缝一般开始于剪应力相加面的中部，它的产生是扭矩和剪力产生的剪应力和轴压力产生的轴压应力相叠加形成的主拉应力达到混凝土的极限抗拉强度而造成的，因此构件的开裂扭矩与轴压比、相对偏心距均有关系。以下主要讨论这两种参数的变化对构件开裂扭矩的影响。

由于本试验所用试件是分三批浇筑的，混凝土的强度略有不同，对开裂扭矩 T_{cr} 的衡量采用无量纲参数 $\dfrac{T_{cr}}{f_t W_t}$ 表示，其中 $f_t W_t$ 为素混凝土的扭矩。

4.6.1　相对偏心距对开裂扭矩的影响

图 4.14 给出了无量纲开裂扭矩 $\dfrac{T_{cr}}{f_t W_t}$ 与相对偏心距 $\dfrac{e_0}{h_0}$ 的关系。从图中可以看出：在同一轴压比的条件下，试件的开裂扭矩随相对偏心距的增大而降低。其

原因为：相对偏心距是由剪力产生的，相对偏心距的增加也就意味着所施加的剪力增加，而剪力对混凝土初始裂缝的产生起促进作用，即剪力的增加使剪应力和轴压应力叠加形成的主拉应力增大，从而较快地达到了混凝土的抗拉强度，使初始裂缝更早地出现，也就降低了开裂扭矩。

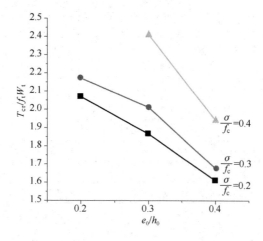

图 4.14　无量纲开裂扭矩与相对偏心距的关系

4.6.2　轴压比对开裂扭矩的影响

图 4.15 给出了无量纲开裂扭矩 $\dfrac{T_{cr}}{f_t W_t}$ 与轴压比 $\dfrac{e_0}{h_0}$ 的关系。从图中可以看出：在偏心距相同时，随着轴压比由 0.2 增大到 0.4，试件的开裂扭矩逐渐增加。其原因为：轴压比的增大是由轴压力的增大引起的，而轴压力对混凝土初始裂缝

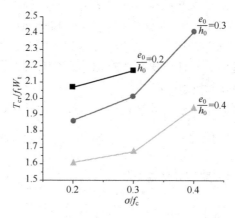

图 4.15　无量纲开裂扭矩与轴压比的关系

的产生起抑制作用，即轴压力的增加使剪应力和轴压应力叠加形成的主拉应力减小，从而推迟了初始裂缝的出现，也就提高了开裂扭矩。

4.6.3　初始刚度

定义初始刚度与普通混凝土相同，为构件即将开裂时扭矩和相应扭转角的比值。图 4.16 为一定的轴压比下构件的初始刚度和相对偏心距的关系。从图中可以看出：在轴压比相同时，初始刚度随相对偏心距的增加而降低。

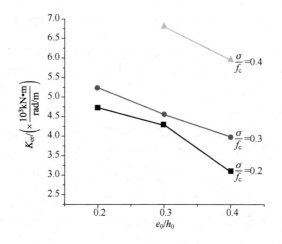

图 4.16　初始刚度与相对偏心距的关系

图 4.17 为一定的相对偏心距下构件的初始刚度和轴压比的关系。从图中可以看出：在相对偏心距相同时，初始刚度随轴压比的增加而增加，但是增加的幅度略有不同，在 $0.3 \leqslant \dfrac{\sigma}{f_c} \leqslant 0.4$ 时初始刚度的增加幅度比 $0.2 \leqslant \dfrac{\sigma}{f_c} \leqslant 0.3$ 时初始刚度增加的幅度要大。

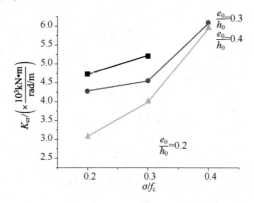

图 4.17　初始刚度与轴压比的关系

4.6.4　延性分析

结构、构件或截面的延性是指它们进入破坏阶段以后，在承载能力没有显著下降的情况下承受变形的能力。也就是说，延性反映的是它们后期变形的能力。本文的"后期"是指从钢筋开始屈服进入破坏阶段直到下降段中下降到最大承载能力的 85% 时的整个过程。构件的 $P-\Delta$ 曲线即扭矩-转角曲线上屈服扭矩 T_y 所对应的扭矩称为屈服扭角 θ_y，极限扭矩对应的扭转角称为极限扭转角 θ_u，延性系数定义为极限扭转角和屈服扭转角的比值，即用延性系数 $\mu = \dfrac{\theta_u}{\theta_y}$ 作为扭转延性指标。延性差的构件在达到其最大承载能力后会突然发生脆性破坏，这是要避免的。因此，在工程设计中，对结构和构件除了要求它们满足承载能力以外，还要求它们具有一定的延性。

图 4.18 为轴压比一定时构件延性和相对偏心距的关系。从图中可以看出，在一定轴压比下，延性随相对偏心距的增加呈降低趋势。图中各条曲线的斜率不同，反映了不同的轴压比对构件延性的影响程度不同。可以看出，轴压比为 0.3 时影响程度最大。原因分析：相对偏心距较大意味着构件所受的弯矩和剪力较大，剪力的增大使箍筋在抵抗扭矩前就受到削弱，影响其约束混凝土横向变形的能力，使延性降低；另外，弯矩的增大使受压区混凝土较早地达到极限压应变而降低延性。

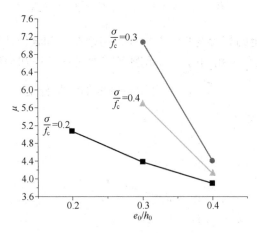

图 4.18　延性和相对偏心距的关系

图 4.19 为相对偏心距一定时构件延性和轴压比的关系。从图中可以看出：在轴压比较低时二者的规律不是很明显；当轴压比较大 $\left(\dfrac{\sigma}{f_c} > 0.3\right)$ 时，随轴压比的增加延性降低。原因分析：随轴压比的增大，混凝土受压区高度也显著增大，

构件破坏从受拉纵筋屈服开始转为从混凝土受压区破坏开始，即由大偏心受压破坏转为小偏心受压破坏，因而构件延性大为降低。

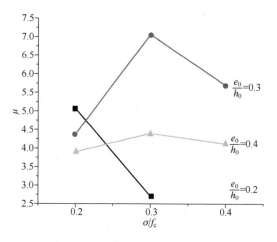

图 4.19　延性与轴压比的关系

4.6.5　最大扭矩

定义最大扭矩 T_u 为扭矩-转角曲线的峰值点所对应的扭矩值。

图 4.20 反映的是不同轴压比下最大扭矩和相对偏心角的关系。可以看出：随着偏心距的增加最大扭矩呈降低趋势。其原因为：相对偏心距的增加意味着剪力和弯矩的增加，而弯矩和剪力都是影响构件破坏的不利因素，削弱了构件的受扭性能，降低了构件的最大扭矩。

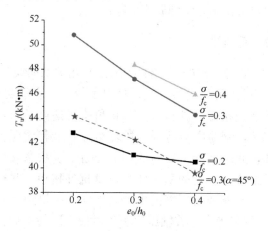

图 4.20　最大扭矩和相对偏心距的关系

图 4.21 反映的是不同相对偏心距下最大扭矩和轴压比的关系。可以看出：随着轴压比的增加最大扭矩也增加。其原因为：轴压力的作用相当于部分纵筋的作用，可以在一定程度上抵抗扭矩产生的拉力，提高了构件的受扭性能，也就增大了构件的最大扭矩。

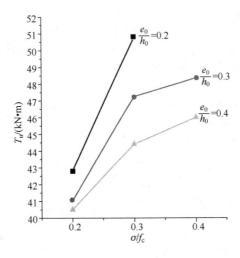

图 4.21　最大扭矩和轴压比的关系

图 4.20 中，虚线为本试验所做的偏心角 $\alpha = 45°$ 的情况，而单向压、弯、剪、扭试件的偏心角可看成 $\alpha = 0°$，可以看出，在相同的轴压比、相同的偏心距的情况下，偏心角 $\alpha = 45°$ 时的最大扭矩比偏心角 $\alpha = 0°$ 的最大扭矩略有降低。这是因为在此位置时，斜向偏心距最大，也就是说斜向偏心弯矩较大，且内部的抗弯能力较小，导致抗扭能力受到影响而降低。

4.6.6　扭矩-扭角关系曲线

图 4.22 和图 4.23 为实测的各试件的扭矩-转角关系曲线。从图中可以看出，在扭矩较小时，扭矩-转角曲线为直线，且斜率较大，表示初始抗扭刚度较大。当扭矩稍大并接近开裂扭矩 T_{cr} 时，扭矩-转角曲线偏离了原直线，构件刚度下降。在裂缝出现瞬间，钢筋应力特别是扭转角开始显著增大。开裂扭矩后，部分混凝土退出工作，此时裂缝出现前的构件受力平衡状态被打破，具有裂缝的混凝土和钢筋共同组成一个新的受力体系以抵抗外扭矩，并获得新的平衡。随着裂缝的不断扩展、延伸和新裂缝的出现，构件的抗扭刚度有较大的降低。此后的扭矩-转角曲线发展走向随着轴压比和相对偏心距的不同而不同。曲线在达到最高点以后，扭角变形变快、变大，斜裂缝变宽、贯通，钢筋应变较快地增加，截面受到更大的削弱，承载力衰退，扭矩-转角曲线进入下降段。

图 4.22（a）～（c）分别为轴压比 $\frac{\sigma}{f_c}=0.2$，0.3，0.4 时不同偏心距的三组扭矩-转角曲线。对比三组曲线可以看出：轴压比一定，随着偏心距的增加，构件的初始刚度、最大扭矩、延性均降低。

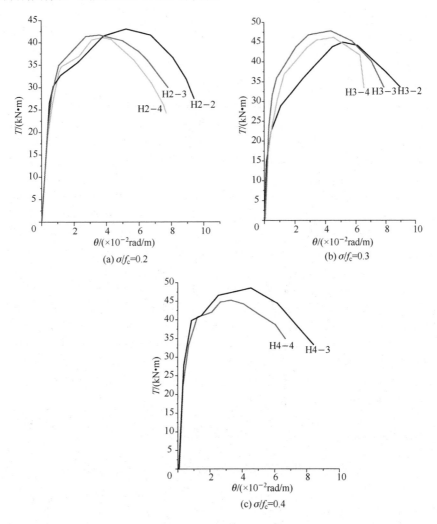

图 4.22　轴压比一定、偏心距不同的扭矩-转角曲线

图 4.23（a）～（c）分别为偏心距 $\frac{e_0}{h_0}=0.2$，0.3，0.4 时不同轴压比的三组扭矩-转角曲线。对比三组曲线可以看出：偏心距一定，随着轴压比的增加，构件的初始刚度、最大扭矩均增大。

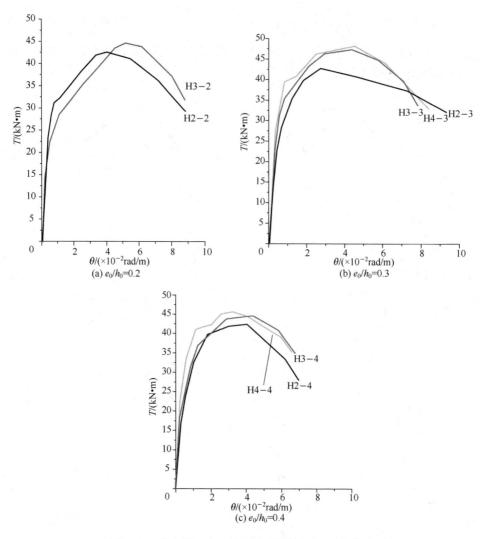

图 4.23　偏心距一定、轴压比不同的扭矩-转角曲线

4.7　小　　结

　　本章通过对 14 根试件单向受扭的试验观察，以及对试件的钢筋应变、开裂扭矩、初始刚度、延性及最大扭矩和扭矩-转角曲线等特性的分析，可以得出下列结论：

　　1）初始斜裂缝一般出现在剪应力相加面的中部靠下的位置，破坏时各个面的裂缝呈螺旋状贯通，弯曲受压面的混凝土出现大量的压碎。

2）构件开裂前，纵向钢筋应变与扭矩成线性关系；开裂后，随着扭矩的增大，应变曲线迅速偏向应变轴；当扭矩达到最大值时，弯曲受拉筋一般达到屈服，而对于弯曲受压筋一般不会屈服。箍筋应变在扭矩作用初期线性增大，且曲线斜率较大；构件开裂后，曲线斜率变小；当构件屈服时，曲线已变得比较平缓；扭矩达到最大时，各面箍筋一般能达到屈服。

3）试件的开裂扭矩随相对偏心距的增大而降低，随轴压比的增加而逐渐增大。

4）试件的初始刚度随相对偏心距的增加而降低，初始刚度随轴压比的增加而增加。

5）延性随相对偏心距的增加呈降低趋势，随轴压比的增加延性降低。

6）随着偏心距的增加最大扭矩呈降低趋势，随着轴压比的增加最大扭矩也增加。

7）在扭矩较小时，扭矩-转角曲线为直线，且斜率较大，当扭矩稍大并接近开裂扭矩 T_{cr} 时，扭矩-转角曲线偏离了原直线，构件刚度下降。开裂扭矩后，随着裂缝的不断扩展、延伸和新裂缝的出现，构件的抗扭刚度有较大的降低。曲线在达到最高点以后，扭角变形很快变大，承载力衰退，扭矩-转角曲线进入下降段。

参 考 文 献

［1］F H Wittmann，P Schwesinger，冯乃谦. 高性能混凝土—材料特性与设计［M］. 北京：中国铁道出版社，1998.

［2］冯乃谦. 高性能混凝土［M］. 北京：中国建筑工业出版社，1996.

［3］李立权. 混凝土配合比设计手册［M］. 广州：华南理工大学出版社，2002.

［4］陈肇元，朱金铨，吴佩刚. 高强混凝土及其应用［M］. 北京：清华大学出版社，1992.

［5］高强混凝土与高性能混凝土委员会. 高强混凝土工程应用［M］. 北京：清华大学出版社，1998.

［6］郭靳时. 高强混凝土矩形截面受扭构件截面限制条件及构造配筋的研究［D］. 哈尔滨：哈尔滨建筑大学，1996.

［7］H Ramirez，J O Jirsa. Effect of Axial Load on Shear Behavior of Short RC Columns under Cyclic Lateral Deformations［R］. Pmfsel Report，1980，80（1）.

［8］赵嘉康，张连德，卫云亭. 钢筋混凝土压、弯、剪、扭构件受扭性能的研究［J］. 土木工程学报，1993（1）.

［9］张连德，陈为滢，卫云亭. 低周反复扭矩作用下钢筋混凝土双向偏压构件抗扭性能的研究［J］. 土木工程学报，1993（2）.

［10］林咏梅，周小真，张连德. 钢筋混凝土双向压弯剪构件在单调扭矩作用下抗扭性能的研究［J］. 建筑结构学报，1996，17（1）：29-40.

［11］惠卓. 钢筋混凝土压弯剪扭构件受扭性能研究［D］. 西安：西安建筑科技大学，1993.

［12］Nasr-Eddine Koutchoukali，Abdeldjelil Belarbi. Torsion of High-Strength Reinforced Concrete Beams and Minimum Reinforcement Requirement［J］. ACI Structural Journal，2001，98（4）：462-469.

[13] Arthur H Nilson，et al. Design of Concrete Structures ［M］. International Editions. New York：McGraw-Hill，1997.

[14] Thomas T C Hsu. Torsion of Reinforced Concrete ［J］. Bending，1984.

[15] 张泽霖. 钢筋混凝土弯扭构件强度研究 ［J］. 福州大学学报，1985（3）：115-134.

[16] 过镇海. 钢筋混凝土原理 ［M］. 北京：清华大学出版社，2001.

[17] 张连德，卫云亭. 钢筋混凝土压弯剪扭构件的强度相关性 ［J］. 工业建筑，1992（12）.

[18] 王新玲，关罡. 纯扭和复合受扭构件受力模型分析及计算 ［J］. 工业建筑，2001（4）.

[19] 张连德，王泽军，卫云亭. 钢筋混凝土偏压扭构件非线性全过程分析 ［J］. 建筑结构学报，1990（2）.

[20] 张兵. 对混凝土构件弯剪扭承载力计算的探讨 ［J］. 天津建设科技，2002（3）.

[21] 秦卫红，惠卓. 压弯剪反复扭构件的试验研究 ［J］. 东南大学学报，1997（3）.

[22] 孙黄胜，藏晓光，刘继明. 钢筋混凝土复合受扭构件的开裂扭矩计算 ［J］. 青岛建筑工程学院学报，2001（3）.

[23] 王振东，温进. 预应力混凝土构件在弯剪扭复合作用下剪扭承载力计算 ［J］. 哈尔滨建筑大学学报，1994（1）.

[24] 中华人民共和国国家标准. 建筑抗震设计规范（GB 50011—2010）［S］. 北京：中国建筑工业出版社，2010.

[25] 丰定国，王社良. 抗震结构设计 ［M］. 武汉：武汉工业大学出版社，2001.

[26] 王娴明. 建筑结构试验 ［M］. 北京：清华大学出版社，2001.

[27] 马永欣，郑山锁. 结构试验 ［M］. 北京：科学出版社，2001.

第5章 高强钢筋混凝土在反复扭矩作用下的试验研究

5.1 概　述

随着高强混凝土研究的深入及应用，高强混凝土受扭构件[1]的研究越来越得到重视。研究认为，高强混凝土纯扭构件破坏时的脆性特征比普通混凝土构件更明显；与普通混凝土构件相比，其极限扭矩更接近于开裂扭矩。高强混凝土配筋构件受扭破坏形态及破坏机理与普通钢筋混凝土构件基本相似，但其钢筋应力不均匀性比普通混凝土构件大（因为高强混凝土的粘结强度高于普通混凝土，而钢筋一样）。配筋高强混凝土纯扭构件开裂前钢筋应力很小，主要由混凝土承担扭矩，开裂后裂缝形状及分布情况基本与普通混凝土构件相似，但其斜裂缝倾角比普通混凝土构件略大，破坏前二、三级荷载下基本不出现新裂缝，主要表现为主裂缝扩大，临破坏前在构件窄面沿纵筋附近出现纵向裂缝，混凝土保护层翘起剥落，构件破坏面较平整，骨料大部分拉断。软化桁架理论适用于高强混凝土纯扭构件的计算，高配筋率构件的计算精度取决于混凝土软化本构关系的合理性[1]。王振东等[2,3]对高强混凝土结构构件在弯剪扭复合受力下的工作性能进行了研究，认为高强混凝土无腹筋梁的极限承载力相关曲线符合偏圆的曲线方程[4]。

本书第2章、第3章及文献[5]对普通混凝土的双向偏压剪低周反复扭矩的抗扭性能及抗震性能进行了研究，第4章对高强钢筋混凝土压、弯、剪构件在单调扭矩作用下的受力行为进行了研究，但这些研究均未涉及高强钢筋混凝土压、弯、剪构件在反复扭矩作用下的受力行为和抗震性能，其抗震性能中的延性、耗能性能不甚明了，压弯剪扭构件中的剪扭承载力相关关系与剪扭构件中的剪扭承载力相关关系是否相同，其相似关系程度如何，都缺乏足够的试验依据，尚不足以将来源于普通混凝土的试验结论和理论分析成果[6-8]延伸到高强钢筋混凝土压、弯、剪构件在反复扭矩作用下的构件之中[4,6]，故需要进行试验研究和理论分析，以便予以验证。本章着重探讨 HSC 在钢筋混凝土压、弯、剪、扭复合受力构件中的应用问题。模拟框架结构的角柱，对高强混凝土偏压弯剪构件的抗扭性能和抗震性能进行试验研究和理论分析，并与普通强度混凝土复合受扭构件进行对比，得出符合其本质的结论，为研究高强钢筋混凝土压、弯、剪构件在反复扭矩作用下的受力行为及抗震性能和修订相关规范打下基础。

5.2　高强、高性能混凝土复合受扭构件试验研究概况

高强混凝土角柱在压弯剪反复扭复合受力下的性能研究在国内尚属空白，《规范》通过普通混凝土的研究推出高强混凝土的相关计算理论和构造措施，更深层次的机理还有待于进一步研究。本章通过 12 个试件的试验研究和理论分析，探讨以下几个问题：

1）高强混凝土压弯剪试件反复扭作用下裂缝的发展规律和破坏特征。

2）轴压比、相对偏心距参数变化对压弯剪反复扭试件抗扭性能的影响。

3）高强混凝土压弯剪试件在反复扭矩作用下的破坏特征及延性、强度、刚度耗能能力、滞回特性等方面的性能。

4）根据试验研究与普通混凝土试件进行对比，提出高强混凝土在压弯剪扭作用下的恢复力模型。

5.2.1　试件的设计与制作

由于本章是研究高强钢筋混凝土压弯剪复合受扭构件的抗扭、抗震性能，所以试件的设计思路和制作过程与第 2 章普通混凝土压弯剪复合受扭试件基本一致，不同点主要在高强混凝土、高性能混凝土的制备和配筋率、配箍率的设计上。

本试验中，试件的剪跨比 $\frac{l}{h_0} = 2.96$ 保持不变，以轴压比 $\frac{\sigma}{f_c}$ 和相对偏心距 $\frac{e_0}{h_0}$ 为参数。当轴压比 $\frac{\sigma}{f_c}$ 控制为 0.2、0.3、0.4 时，相对偏心距分别取 $\frac{e_0}{h_0} = 0.2$、0.3、0.4，共计 12 根试件。相对偏心距的大小是通过改变剪力继而改变弯矩的大小来实现的，使得弯矩大小从上到下与高度成正比。

试件尺寸：柱截面 $b \times h = 250\text{mm} \times 250\text{mm}$，柱高 $L = 740\text{mm}$，扭矩套箍高 $L' = 160\text{mm}$，计算高度 $L_0 = 580\text{mm}$，柱长细比 $\frac{L_0}{h} = \frac{580 \times 2}{250} = 4.64$，可以避免产生短柱和长柱的影响。柱顶端为自由端，底部为固定端，基础外形尺寸为 $450\text{mm} \times 350\text{mm} \times 800\text{mm}$。

混凝土设计强度等级为 C60，采用 42.5 普通硅酸盐水泥制作。1m^3 混凝土各材料的重量比为 W：C：S：G＝165：540：604：1074＝0.3：1：1.12：1.99，重量配合比为 C：S：G：W＝1：1.146：2.434：0.32。另制作 3 根外加粉煤灰的高性能试件，外加粉煤灰 10%。试件的加工制作采用模板，混凝土为

机械搅拌，高频振捣棒振捣。由于混凝土量较大，分四批制作，每批混凝土浇筑时预留标准试块 100mm×100mm×100mm 立方体三块，与试件在完全相同的条件下养护，试验前用来测定混凝土的立方体抗压强度 f_{cu}。混凝土的轴心抗压强度取 $f_{ck}=0.88×a_{c1}×a_{c2}×f_{cu}$，轴心抗拉强度取 $f_{tk}=0.88×0.395×f_{cu}^{0.55}(1-1.645\delta)^{0.45}×a_{c2}$。其中，0.88 为考虑结构中混凝土强度与试件混凝土强度之间的差异的修正系数；a_{c1} 为棱柱强度与立方强度的比值；a_{c2} 为考虑高强混凝土的脆性折减系数；0.39 和 0.55 为统计参数；δ 为混凝土立方体的变异系数。

试件配筋：试件采用对称配筋，纵筋为 4 Φ 20，配筋率 $\rho_{st}=\dfrac{A}{bh}=2.23\%$，箍筋为 Φ8@70，配箍率为 $\rho_{sv}=\dfrac{2A_{st1}}{bs}=0.57\%$。箍筋净保护层厚为 15mm，纵筋与箍筋的配筋强度比为 $\xi=\dfrac{f_y A_{st}s}{f_{yv}A_{sv1}U_{cor}}=1.85$。为保证加载部位局部不先破坏，在柱顶以下高度 160mm 范围内箍筋加密，为 Φ840@40，构件尺寸及配筋见图 5.1，钢筋及混凝土的力学性能见表 5.1。

5.2.2　加载设备与加载制度

试件的安装与加载设备、测试内容及方法、加载方案及具体试验步骤同第 4 章。试件设计及材料的力学性能见表 5.1。钢筋应变：纵筋、箍筋的应变测点如图 5.1 所示，试验全貌如图 5.2 所示。

表 5.1　试件参数及材料的力学性能

项目 试件 编号	研究参数			混凝土强度		纵筋		Φ8 箍筋		
	$\dfrac{\sigma}{f_{ck}}$	$\dfrac{e_0}{h_0}$	$\dfrac{M}{Vh_0}$	$f_c/$ (N/mm)	$f_t/$ (N/mm)	A_l /mm²	$f_y/$ (N/mm)	s /mm	A_{sv} /mm²	$f_{yv}/$ (N/mm)
RV2-2	0.2	0.2	5.16	38.5	3.2	1256	379	70	78.5	488
RV2-3	0.2	0.3	5.16	38.5	3.2	1256	379	70	78.5	488
RV2-4	0.2	0.4	5.16	38.5	3.2	1256	379	70	78.5	488
RV3-2	0.3	0.2	5.16	38.5	3.2	1256	379	70	78.5	488
RV3-3	0.3	0.3	5.16	38.5	3.2	1256	379	70	78.5	488
RV3-4	0.3	0.4	5.16	38.5	3.2	1256	379	70	78.5	488
RV4-2	0.4	0.2	5.16	38.5	3.2	1256	379	70	78.5	488
RV4-3	0.4	0.3	5.16	38.5	3.2	1256	379	70	78.5	488

续表

项目 试件 编号	研究参数			混凝土强度		纵筋		Φ8 箍筋		
	$\dfrac{\sigma}{f_{ck}}$	$\dfrac{e_0}{h_0}$	$\dfrac{M}{Vh_0}$	$f_c/$ (N/mm)	$f_t/$ (N/mm)	A_l /mm²	$f_y/$ (N/mm)	s /mm	A_{sv} /mm²	$f_{yv}/$ (N/mm)
RV4-4	0.4	0.4	5.16	38.5	3.2	1256	379	70	78.5	488
HRV4-2	0.3	0.2	5.16	38.5	3.2	1256	379	70	78.5	488
HRV4-3	0.3	0.3	5.16	38.5	3.2	1256	379	70	78.5	488
HRV4-4	0.3	0.4	5.16	38.5	3.2	1256	379	70	78.5	488

注：1. RVa-b，RV 表示普通高强混凝土反复扭，a 表示轴压比，b 表示偏心距。

　　2. HRVa-b，HRV 表示粉煤灰高性能混凝土反复扭，a，b 含义同注 1。

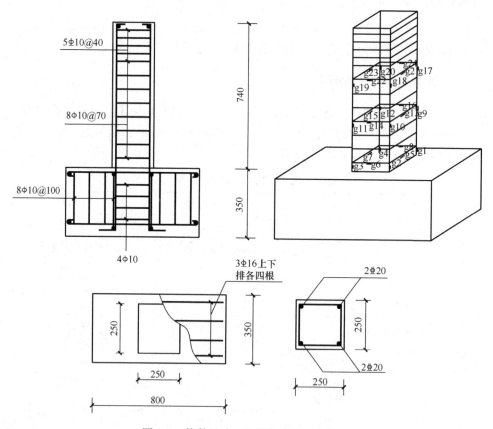

图 5.1　构件尺寸、配筋及应变测点位置

图 5.2　试验全貌

5.3　试验结果

5.3.1　裂缝发展规律及破坏特征

　　本次试验共 12 个试件受反复扭矩作用，构件出现的斜裂缝均为扭转斜裂缝，最终发生扭转破坏。在受扭过程中，由于柱头端受力复杂，出现裂缝，根据圣维南原理，对于试验整体结果影响不大。试件在施加反复扭矩后，首条裂缝出现在某个剪力相叠加面（③、④面）的中部，当施加同级反向扭矩时，反向裂缝也出现在此时的剪力相叠加面的中部，即正向裂缝的出现不影响反向裂缝的出现。构件屈服前裂缝较窄，荷载回零时裂缝趋向闭合，反向加载时宏观上观察不到正向裂缝；当构件接近屈服后，裂缝迅速发展，加宽加长，卸载后裂缝不能闭合。施加反向荷载后构件表面形成交叉的斜向网状裂缝，裂缝不能闭合是因为钢筋发生滑移和裂缝间混凝土发生错动。随着荷载的继续循环，各面均形成网状裂缝，而且相邻面的主斜裂缝相贯通。加载后期各面均有主斜裂缝，并且出现主裂缝后其他裂缝的发展变慢，加宽加长不明显。各面斜裂缝间混凝土均有不同程度的起皮和剥落现象，此时构件的变形急剧加速，并可听到"啪啪"声，荷载下降，刚度退化严重。最后在某一压弯面（①、②面）出现混凝土压碎并严重掉渣，试件破坏。试件 RV4-2 各个面上的破坏较为典型，见图 5.3（g）。各试件的最终破坏形态见图 5.3 和图 5.4。

　　通过观察可以得出以下结论：

　　1）所有试件正反向均有 1～2 条较长、较宽的裂缝，这些裂缝大都贯穿整个面且延伸到相邻面，其中一条在破坏时发展最快、最宽，在各面贯通形成螺旋裂缝。

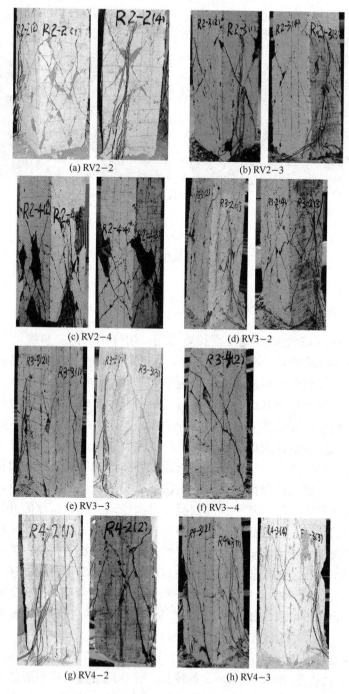

(a) RV2−2　　　　　　　　　　(b) RV2−3

(c) RV2−4　　　　　　　　　　(d) RV3−2

(e) RV3−3　　　　　　　　　　(f) RV3−4

(g) RV4−2　　　　　　　　　　(h) RV4−3

图 5.3　高强钢筋混凝土框架柱的破坏形态

(i) RV4−4

图 5.3　高强钢筋混凝土框架柱的破坏形态（续）

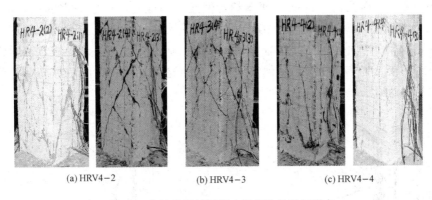

(a) HRV4−2　　　　　　　(b) HRV4−3　　　　　　　(c) HRV4−4

图 5.4　高性能钢筋混凝土框架柱的破坏形态

2）同一裂缝在发展过程中，其主裂缝走向有微小改变，弯曲受拉面在底部与纵轴的夹角略大于顶部与纵轴的夹角，弯曲受压面在底部与纵轴的夹角略小于顶部与纵轴的夹角，这是因为弯曲应力的影响改变了主拉应力的方向；非主裂缝（即短裂缝）走向基本保持不变，这是因为短裂缝受弯曲应力的影响较小。

3）同一侧面斜裂缝走向沿高度方向略有差别，自下而上，弯拉面上斜裂缝与纵轴的夹角减小，弯压面上斜裂缝倾角增大。

4）不同侧面混凝土斜裂缝倾角呈弯拉面大、弯压面小的趋势。

5）两弯拉面（③、④面）裂缝较少且较宽，两弯压面（①、②面）裂缝密布且较窄。

裂缝呈以上现象的原因是：截面弯矩沿构件呈三角形分布，不同高度截面上的弯拉、弯压应力不同，故混凝土表面的主拉应力方向不同。

6）同一轴压比下，相对偏心距较大的构件③、④侧面倾斜裂缝较大；①、②侧面裂缝倾角较小，并且与③、④侧面裂缝倾角相差较大。

7）在相同相对偏心距下，轴压比较大的构件裂缝出现得晚，四侧面裂缝倾角较小，破坏时混凝土迅速压碎。

5.3.2　典型试件的钢筋应变

1. 纵筋应变

根据试验方案，在施加扭矩以前先施加轴力和剪力，使纵筋先受力。弯曲受压纵筋、中间两纵筋均为压应变，弯曲受拉纵筋的应变受研究参数的变化而不同。这些纵筋的应变均较小。

扭矩作用初期的几个循环中，扭矩-应变曲线在初始应变附近呈直线循环；构件开裂后，纵筋的拉应变迅速增长，偏离初始应变，产生一定的残余应变，应变-扭矩形成蝴蝶状滞回环。构件达到极限荷载时，弯曲受拉纵筋一般达到或接近屈服；而弯曲受压纵筋在轴压比较小时后期都受拉，但未屈服，轴压比和偏心距都较大时受压屈服，其他情况下一般未达到屈服；中间两纵筋则随荷载参数变化而不同，但都未达到屈服（图 5.5）。

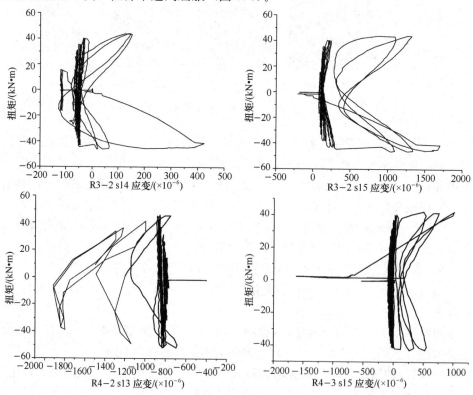

图 5.5　纵筋应变

2. 箍筋应变

施加扭矩前，由于水平剪力作用，在箍筋中产生一定的初始应变，应变值较小。在加载初期的几个循环中，箍筋应变和扭矩基本呈直线关系，且偏离初始应变很小，卸载后基本恢复到初始应变；构件开裂后，由于产生内力重分布，箍筋应变迅速增大，卸载时有残余应变，应变-扭矩呈蝴蝶状滞回环。由于各侧面箍筋均交替处于剪应力相叠加、相减面，蝴蝶状滞回环不对称（图 5.6）。

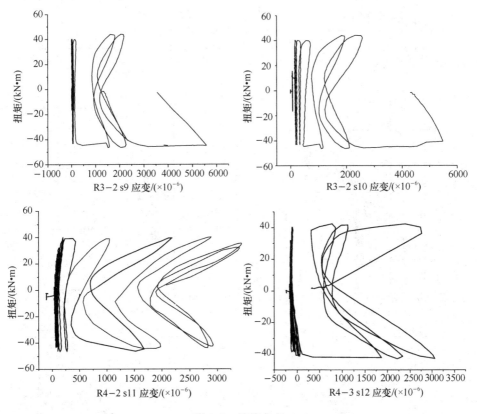

图 5.6　箍筋应变

5.3.3　扭矩-扭角滞回曲线

加载一周得到的荷载-位移曲线称为滞回曲线（滞回环）。如图 5.7、图 5.8 为高强、高性能钢筋混凝土框架柱试件在双向压弯剪及反复扭矩作用下的扭矩-扭角滞回曲线，纵轴为施加在构件上的外扭矩，横轴为构件单位长度的扭转角。

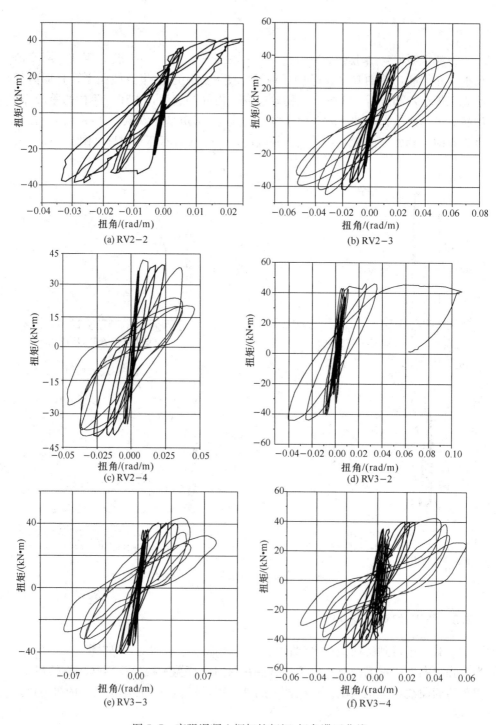

图 5.7　高强混凝土框架柱扭矩-扭角滞回曲线

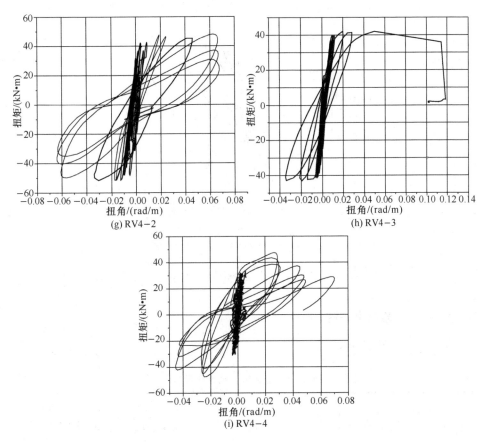

(g) RV4−2　　　　　　　　　　　　　　(h) RV4−3

(i) RV4−4

图 5.7　高强混凝土框架柱扭矩-扭角滞回曲线（续）

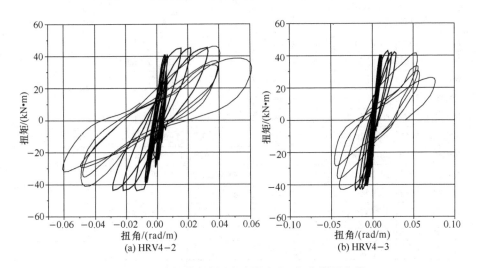

(a) HRV4−2　　　　　　　　　　　　　　(b) HRV4−3

图 5.8　高性能混凝土框架柱扭矩-扭角滞回曲线

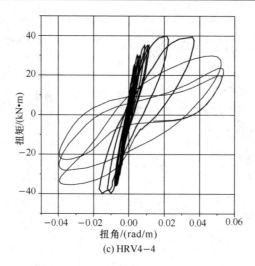

(c) HRV4—4

图 5.8　高性能混凝土框架柱扭矩-扭角滞回曲线（续）

5.3.4　主要试验结果一览

主要试验结果见表 5.2。

表 5.2　主要试验结果一览表

项目 试件 编号	实测外力			实测扭矩			实测转角 /($\times 10^{-2}$ rad/m)				延性 系数	初始刚度 /$\left(\times \dfrac{10^3 \text{kN} \cdot \text{m}}{\text{rad/m}}\right)$
	N/ kN	V/ kN	M/ (kN·m)	T_{cr}/ (kN·m)	T_y/ (kN·m)	T_u/ (kN·m)	θ_{cr}	θ_y	θ_u	$\theta_{0.85}$	μ	K_{cr}
RV2-2	481	30	23.4	30	35.7	42	0.36	1.2	3.0	—	—	8.3
RV2-3	481	45	35.1	26	32.8	40	0.40	1.33	3.4	6.4	4.69	6.5
RV2-4	481	60	46.8	25	32	40	0.60	1.02	2.5	4.1	4.01	4.2
RV3-2	722	45	35.1	32	38.7	43	0.33	1	2.5	—	—	9.7
RV3-3	722	60	46.8	30	36.1	42	0.37	1.94	4.9	6.8	3.53	8.1
RV3-4	722	90	70.2	28	34.0	41	0.4	1.59	3.9	5.5	3.31	7
RV4-2	962	60	46.8	36	43.2	47	0.33	1.52	4.8	8	5.26	10.9
RV4-3	962	90	70.2	32	38.7	43	0.50	2	5.0	—	—	6.4
RV4-4	962	120	93.6	29	34	40	0.47	1.21	2.5	5	4.56	6.2
HRV4-2	962	60	46.8	34	40.5	45	0.50	1.60	2.8	5.6	5.57	6.8
HRV4-3	962	90	70.2	29	36.1	43	0.58	1.19	3.0	6.5	4.84	5
HRV4-4	962	120	93.6	25	32	40	0.49	1.47	3.6	4.5	3.43	5.1

注：$\theta_{0.85}$表示荷载下降到极限荷载 85% 时的单位转角。

5.4 试验结果分析

5.4.1 开裂扭矩

　　试验观察得出，初始斜裂缝一般始于弯拉侧剪应力相叠加面的中部。本节初始裂缝是指第一条扭矩产生的斜裂缝，是根据试验宏观观察并结合扭矩-扭角曲线确定的。由图 5.9 可以看出，在同一偏心距下开裂扭矩随轴压比的增大而增大。此外，也可得出在轴压比一定的情况下，随偏心距的增大，开裂扭矩减小。

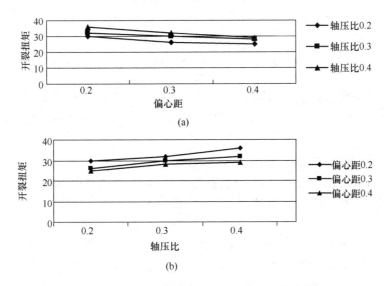

图 5.9　开裂扭矩随轴压比和偏心距的变化规律

5.4.2 初始刚度分析

　　初始刚度的定义同前。由图 5.10、图 5.11 可见，在轴压比一定的情况下，试件的初始刚度随相对偏心距的增大而减小；在相对偏心距一定的情况下，偏心距为 0.2 时初始刚度随轴压比的增大而增大，而偏心距较大时初始刚度随轴压比的增大先增大后减小。

5.4.3 滞回性能分析

　　钢筋混凝土构件的荷载-变形滞回曲线是高强混凝土构件在反复荷载作用下受力性能的变化、裂缝的开闭、钢筋的屈服和强化、粘结退化及滑移、局部混

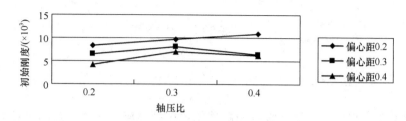

图 5.10　偏心距一定情况下开裂刚度随轴压比的变化

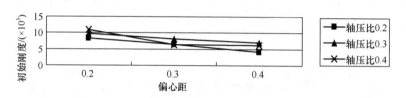

图 5.11　轴压比一定情况下开裂刚度随偏心距的变化

凝土的酥裂剥落以致破坏等因素的综合反映，它包括了强度、刚度及延性等力学特征。从图 5.7 和图 5.8 中不同构件的滞回曲线比较可以得出一些共同的特征。

构件开裂前，加卸载刚度较大，扭矩-扭角关系基本呈线性关系，卸载基本上沿着加载线返回，卸载后基本没有残余扭角，反向加载也沿着直线，斜率与正向相同，卸载后沿原直线回零，滞回环没有形成。随着荷载的增大滞回环渐趋明显。

试件开裂和屈服后，刚度迅速降低，每级扭角急剧增大，滞回环的面积也随着荷载等级的增大而增大。正向加载开始时斜率较大，然后减小，卸载后有一斜率与初始斜率相近的弹性段，然后斜率迅速减小，反向加载时有一滑移段，过后斜率才逐渐变大。滞回环的形状从屈服时的锥形变为极限荷载时的弓形以及破坏前的反 S 形。滞回曲线形状的变化反映了滑移的影响。（构件开裂到屈服阶段）构件屈服后，刚度随着荷载等级的增加而降低，且降低越来越快。在各级荷载或位移下，第二循环和第三循环比第一循环的刚度均有降低，且降低越来越慢。

卸载初期，扭矩-扭角的关系近似为直线关系，与初始加载弹性段斜率基本相同，称为弹性卸载段。该段清晰且有明显的转折点。弹性卸载段的长度因构件而异，尤其是轴压比的大小对其有较大的影响。通过分析得：在轴压比为0.2，0.3，0.4 时，这段弹性段分别为各自极限荷载的 0.439、0.465、0.496。后期循环弹性卸载段斜率变小（可能构件在反复加载的情况下混凝土内部出现了微裂缝，刚度降低）。每级荷载或位移在各次循环的卸载曲线相差不大，残余扭角略有增加，且增加趋缓。下一级荷载或位移的第一循环较上一级荷载或位移的最后一次循环刚度亦有所降低，但降低趋缓，说明每级荷载或位移经过三次循环后构件的强度和刚度退化现象不似前面那样严重，循环的稳定性加强。

　　滞回曲线除了具有以上的共同特征外，还因荷载参数的不同而具有不同的特征。在同一轴压比下，随着相对偏心距的增大剪力也增大，构件表面的剪应力增大，构件的钢筋滑移现象比较严重，弓形滞回环的捏缩现象比较明显，滞回曲线就较早地从弓形过渡到反 S 形，滞回环的面积也略有减小的趋势。

　　在同一相对偏心距下，轴压比较大的构件由于较大的轴压应力抑制了斜裂缝的过早出现，推迟了剪力产生的滑移现象，弓形的捏拢性质减弱，而且在 0.4 轴压比下的各构件滞回曲线从弓形到反 S 形的过渡被推迟，见图 5.7（g）～（i）。

　　从本次试验研究中对恢复力特性的试验结果分析，可以归纳出高强钢筋混凝土复合受扭构件滞回曲线的四种基本图形形状，即梭形、弓形、反 S 形和 Z 形。每个滞回曲线的滞回环均是由梭形→弓形→反 S 形过渡，它们的面积依次减小，耗能能力逐渐降低。轴压比大的构件弓形性质加强，轴压比小的构件反 S 形加强，说明前者耗能能力优于后者。相对偏心距较大的构件耗能能力优于相对偏心距较小的构件。

5.4.4　极限荷载分析

　　从高强钢筋混凝土反复扭矩作用下的骨架曲线可以看出轴压比和偏心距对构件的极限承载能力的影响，图 5.12 为构件无量纲化极限扭矩在轴压比分别为 0.2、0.3、0.4 而相对偏心距不变时的变化规律。由图可见极限抗扭承载力随着轴压比的增大而增大，而在 $\frac{e}{h}=0.4$ 时曲线随轴压比先增大后减小（从试件破坏图可见，是因为在轴压比和偏心距都为 0.4 时受压角混凝土极易达到抗压强度，失去承载力，故受扭承载力反而不遵从小轴压比规律）。图 5.13 为相对偏心距为 0.2、0.3、0.4 而相对轴压比不变时极限扭矩变化规律的相关曲线，可以得

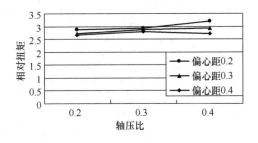

图 5.12　偏心距不变，扭矩随轴压比的变化

出构件的极限扭矩强度随偏心距的增大而呈减小的趋势。

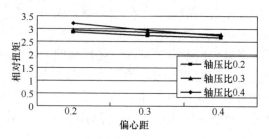

图 5.13　轴压比不变，扭矩随偏心距的变化

5.4.5　耗能能力

　　一个结构的抗震性能要从三个方面来加以考察，即强度、变形和能量，利用结构的恢复力特性已经分析了强度、刚度变形等，下面从能量角度分析抗震能力。

　　由于结构是依靠本身的变形来耗散地震输给的能量，在强度和延性均能保证的前提下，还要考虑耗能问题。等位移加载试验启发我们，尽管结构并没有加到结构延性系数所允许的指标，但是等位移反复加载将导致构件的低周疲劳破坏。这就是说，即使一次地震引起的最大位移小于允许的最大位移，但由于地震多次反复作用后能量的不断耗散，在积伤效应下也导致破坏。

　　1. 滞回曲线的稳定性

　　稳定的滞回曲线具有更强的耗能能力，它反映出同级位移幅值下强度（或刚度）的退化情况，可以用荷载退化系数来表示。本试验高强混凝土构件位移控制只进行一个同级荷载，下一级位移下基本破坏。本章各滞回曲线荷载退化系数见表 5.3，第 2 章试验的位移退化系数见表 5.4。

表 5.3　高强、高性能混凝土构件的荷载退化系数 $\varphi_1(\varphi_2)$

试件 位移	$\varphi_1=1$	$\varphi_2=2$	试件 位移	$\varphi_1=1$	$\varphi_2=2$
RV2-2	—	—	RV4-2	0.804	0.888
RV2-3	0.825	—	RV4-3	—	—
RV2-4	0.834	0.913	RV4-4	0.754	0.887
RV3-2	—	—	HRV4-2	0.806	0.921
RV3-3	0.796	0.879	HRV4-3	0.811	0.908
RV3-4	0.784	0.876	HRV4-4	0.793	0.841

表 5.4　普通混凝土构件的荷载退化系数 $\varphi_1(\varphi_2)$

位移＼试件	$\varphi_1=1$	$\varphi_2=2$	位移＼试件	$\varphi_1=1$	$\varphi_2=2$
R2-2	0.922	0.959	R3-3	0.918	0.928
R2-3	0.931	0.965	R4-2	0.866	0.868
R2-4	0.920	0.968	R4-3	0.895	0.969
R3-2	0.894	0.938	R4-4	0.875	0.930

由表 5.3、表 5.4 可以得出以下结论：

1）构件扭矩-扭角滞回曲线由位移控制时，在同一级位移时，前一退化系数 φ_1 小于后一退化系数 φ_2，说明在同一级位移控制下退化趋势减小。

2）同一级位移控制下，随构件轴压比的增大，退化系数减小，说明随轴压比的增大退化加重，但受偏心距的影响不大。

3）高强混凝土构件的退化系数小于粉煤灰试件的退化系数。

4）普通混凝土构件的退化系数小于高强混凝土构件的退化系数。

2. 等效黏滞阻尼系数

目前构件的耗能能力没有统一的评定标准，常用等效黏滞阻尼系数与功比指数表示。等效黏滞阻尼系数（图 3.6）：本章计算构件达到极限荷载时的滞回环的等效黏滞阻尼系数见表 5.5。

表 5.5　等效黏滞阻尼系数

位移＼试件	h_e	位移＼试件	h_e
RV2-2	—	RV4-2	0.184
RV2-3	0.182	RV4-3	—
RV2-4	0.210	RV4-4	0.246
RV3-2	0.175	HRV4-2	0.232
RV3-3	0.194	HRV4-3	0.238
RV3-4	0.231	HRV4-4	0.241

由表 5.5 可以得出以下结论：

1）随轴压比的增大黏滞阻尼系数增大。

2）随偏心距的增大黏滞阻尼系数增大。

5.5　恢复力模型的建立

进行低周反复试验的一个主要目的就是建立恢复力模型[9-12]，恢复力模型反映构件受荷时企图恢复原有状态的抗力和变形之间的关系。本节将试件RV2-3所得的滞回曲线模型化，通过对骨架曲线、标准滞回环（极限荷载滞回环）的分析，初步探讨考虑刚度退化的滑移型高强混凝土双向压、弯、剪、反复扭矩作用下的恢复力模型，为编制计算机程序提供参考。

5.5.1　骨架曲线

恢复力模型的初始刚度、开裂扭矩及转角、屈服扭矩及转角、极限扭矩及转角等破坏特征点见表5.2。

将滞回曲线中每次循环的峰值点都连接起来形成包络线，这个包络线就是骨架曲线，它反映了构件的强度、刚度、延性、耗能及抗倒塌能力。本章试件的骨架曲线见图5.14。

从图中以看出，高强钢筋混凝土框架柱从开裂、屈服直至完全破坏，骨架曲线在加载初期基本呈直线关系，接近屈服时曲线明显偏向扭角轴，刚度迅速降低，越过极限扭矩后曲线开始明显下降，说明高强钢筋混凝土复合受扭构件的抗裂性较好，但开裂扭矩和极限扭矩相距较近。达极限扭矩后构件呈脆性破坏，延性较小，限制轴压比是增加复合受扭构件抗扭性能的关键因素之一。

从三个高性能混凝土构件的骨架曲线可以看出，相比较而言，高性能混凝土比同强度的高强混凝土的骨架曲线明显平缓，说明改善混凝土的延性性能将是提高复合受扭构件延性的途径之一。

骨架曲线模型采用以上述特征值为转折点的四折线模型，将滞回曲线无量纲化，用 $\frac{T}{T_u}-\frac{\theta}{\theta_u}$（$T_u$、$\theta_u$ 分别为极限荷载及其对应转角）曲线来模拟骨架曲线，如图5.15所示，其中各点坐标为

$$O(0,0)$$
$$A(0.118,0.65)$$
$$B(0.647,0.820)$$
$$C(1.000,1.000)$$
$$D(1.323,0.85)$$

从原点到开裂点（弹性段 OA），方程为

$$\frac{T}{T_u}=5.508\frac{\theta}{\theta_u}$$

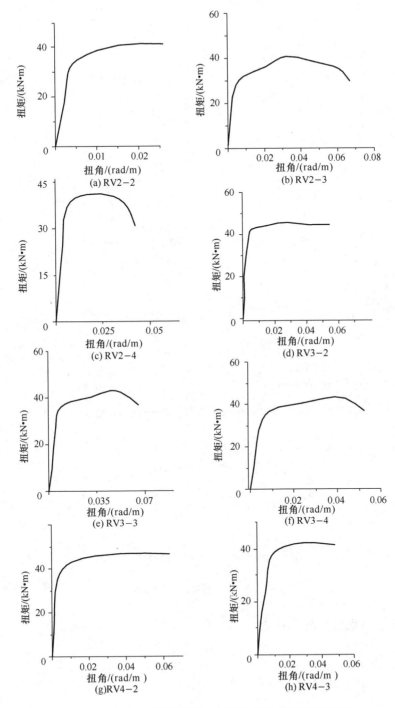

图 5.14　高强、高性能混凝土框架柱扭矩-扭角骨架曲线

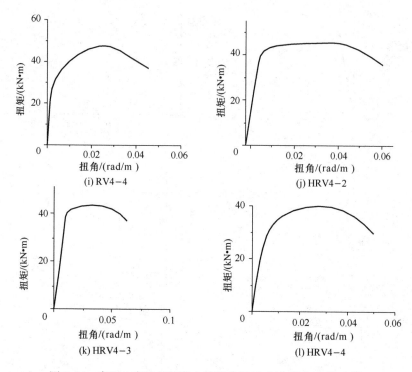

图 5.14 高强、高性能混凝土框架柱扭矩-扭角骨架曲线（续）

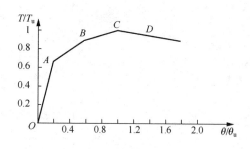

图 5.15 无量纲化曲线模型

从开裂点到屈服点（AB 段），方程为

$$\frac{T}{T_u} = 0.321 \frac{\theta}{\theta_u} + 0.09$$

从屈服点到极限荷载点（BC 段），方程为

$$\frac{T}{T_u} = 0.51 \frac{\theta}{\theta_u} + 0.229$$

从极限荷载点到破坏点（CD 段），方程为

$$\frac{T}{T_u} = -0.161\frac{\theta}{\theta_u} + 2.61$$

5.5.2　屈服荷载滞回环

采用无量纲化坐标绘制屈服滞回环，根据曲线刚度变化和能量相等的原则，用三折线模拟屈服滞回环，如图 5.16 所示。

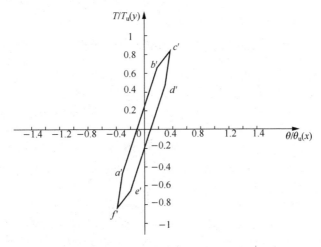

图 5.16　屈服滞回环模型

图中各坐标为

$$a'(-0.313, -0.461)$$
$$b'(0.187, 0.645)$$
$$c'(0.391, 0.820)$$
$$d'(0.313, 0.461)$$
$$e'(-0.187, -0.645)$$
$$f'(-0.391, -0.820)$$

各折线方程为

$$a'b' : y = 2.212x + 0.231$$
$$b'c' : y = 0.858x + 0.485$$
$$c'd' : y = 4.603x - 0.980$$
$$d'e' : y = 2.212x - 0.231$$
$$e'f' : y = 0.858x - 0.485$$
$$f'a' : y = 4.063x + 0.980$$

5.5.3　极限荷载滞回环

采用无量纲化坐标绘制极限滞回环，根据曲线刚度变化和能量相等的原则，用五折线模拟屈服滞回环，如图 5.17 所示。

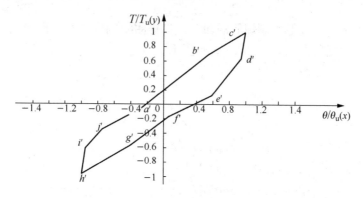

图 5.17　极限滞回环模型

图中各坐标为

$$a'(-0.293,-0.064)$$
$$b'(0.539,0.693)$$
$$c'(1.000,1.000)$$
$$d'(0.942,0.639)$$
$$e'(0.577,0.124)$$
$$f'(-0.061,-0.178)$$
$$g'(-0.409,-0.577)$$
$$h'(-1.000,-1.000)$$
$$i'(-0.952,-0.608)$$
$$j'(-0.755,-0.351)$$

各折线方程为

$$a'b': y = 0.910x + 0.203$$
$$b'c': y = 0.666x + 1.052$$
$$c'd': y = 6.244x - 5.243$$
$$d'e': y = 1.414x - 0.692$$
$$e'f': y = 0.473x - 0.149$$
$$f'g': y = x - 0.168$$
$$g'h': y = 0.716x - 0.284$$
$$h'i': y = 8.167x + 7.167$$

$$i'j'\text{：} y = 1.305x + 0.634$$

5.5.4　恢复力模型

由前面得到的屈服滞回环模型、标准滞回环模型和破坏滞回环模型可以得到试件 RV2-3 的恢复力模型，见图 5.18。

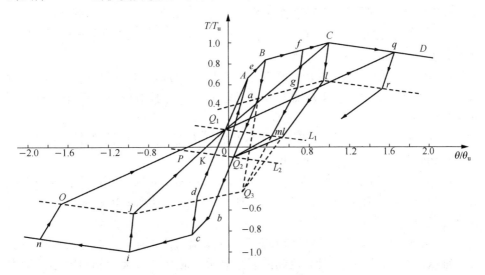

图 5.18　高强混凝土压弯剪反复扭作用构件恢复力模型

高强钢筋混凝土反复扭矩作用下的恢复力模型说明：

1）该恢复力模型是结合特征滞回环特征点和滞回曲线的形状拟合而成的；坐标为无量纲坐标。

2）编程计算时，以转角变量输入，根据各段刚度得到扭矩的大小。

3）各滞回环卸载时均有一弹性段，该段斜率开始时比骨架曲线弹性段斜率（k_0）略大，后期滞回环则变小。该模型中该曲率取 k。

4）屈服滞回环和极限滞回环之间 BC 的滞回环弹性卸载段转折点连线 agl 平行于直线 BC；极限滞回环和破坏滞回环之间 CD 的滞回环弹性卸载段转折点连线 lr 平行于骨架曲线卸载段直线 CD。

5）滞回环滑移段端点均在直线 L_1、L_2 上，且直线 L_1、L_2 均平行于骨架曲线卸载段 CD。

6）根据滞回曲线形状，所有滞回曲线卸载段均经过点 Q_1、Q_2，屈服滞回环弹性卸载段延长线与其后期滞回环非线性卸载段延长线相交于点 Q_3。

7）模拟多次循环时，后期循环峰值比前期循环峰值小，根据前文荷载退化系数确定。

8) 多次循环时，后期循环卸载线沿着第一次循环卸载线。

5.6 小　　结

本章通过 12 根试件复合受扭试验观察，以及对滞回曲线初始刚度、开裂扭矩、屈服扭矩、极限扭矩、延性耗能等特性的分析，可以总结出如下结论：

1) 高强钢筋混凝土构件在双向偏压剪反复扭作用下，在裂缝出现以前与普通混凝土复合受扭构件的受力行为一致。

2) 扭矩-扭角滞回曲线开始时有一直线段，开裂后刚度降低，屈服时接近水平，达到极限荷载后荷载降低、位移急剧增大，并且有较大的残余位移，钢筋滑移严重。

3) 同一偏心距下，开裂扭矩随轴压比的增大而增大；在轴压比一定的情况下，随偏心距的增大，开裂扭矩减小。

4) 从三个高性能混凝土构件的骨架曲线可以看出，相比较而言，高性能混凝土比同强度的高强混凝土的骨架曲线明显平缓，说明改善混凝土的延性是提高复合受扭构件延性的途径之一。

5) 构件屈服后，随位移等级和循环次数的增加，构件承载能力渐渐退化，且随轴压比增大而加重；但等效黏滞阻尼系数随轴压比增大、相对偏心距增大而增大，说明耗能能力增强。

6) 高强钢筋混凝土复合受扭构件滞回曲线有四种基本形状，即梭形、弓形、反 S 形和 Z 形。每个滞回曲线的滞回环均是由梭形→弓形→反 S 形过渡，它们的面积依次减小，耗能能力逐渐降低。轴压比大的构件弓形性质加强，轴压比小的构件反 S 形加强，说明前者耗能能力优于后者。相对偏心距较大的构件耗能能力优于相对偏心距较小的构件。

7) 模拟的屈服滞回曲线和极限滞回曲线能清楚地反映出构件刚度变化和耗能特征。

8) 根据滞回曲线特征和初步建立的屈服滞回环模型、标准滞回环模型以及破坏滞回环模型，建立了构件在复合受扭情况下的受扭恢复力模型，根据该模型可以编制计算机程序，模拟分析钢筋混凝土复合受扭情况下的受扭性能。

参 考 文 献

[1] 吴炎海，郑作樵. 高强混凝土纯扭构件强度、刚度的研究 [J]. 福州大学学报（自然科学版），1992，20（2）.

[2] 刘加海，王振东，张培卿，等. 高强混凝土无腹筋构件在弯剪扭复合作用下剪扭工作性能的研究 [J]. 哈尔滨建筑大学学报，1998，31（3）.

[3] 王振东，刘加海，郭靳时，等. 高强混凝土有腹筋构件在弯剪扭复合作用下剪扭工作性能的研究

［J］. 哈尔滨建筑大学学报，1998，31（3）.

［4］朱伯龙. 土木工程防灾国家重点试验室论文集［G］. 上海：同济大学出版社，1995.

［5］孙黄胜. 钢筋混凝土双向偏压剪构件在反复扭矩作用下受扭性能的试验研究［D］. 青岛：青岛建筑工程学院，2001.

［6］殷芝霖，张誉，王振东. 抗扭·钢筋混凝土结构设计理论丛书［M］. 北京：中国铁道出版社，1990.

［7］林咏梅. 钢筋混凝土双向压弯剪构件在单调扭矩作用下的抗扭性能研究［D］. 西安：西安建筑科技大学，1994.

［8］赵嘉康. 钢筋混凝土压弯剪扭构件受扭性能研究［D］. 西安：西安建筑科技大学，1991.

［9］R Park，D C Kent，R A Sampson. Reinforced Concrete Members with Cyclic Loading［J］. ASCE，1972，98（7）.

［10］N J Stevens，S M Vzumeri，M P Collins. Reinforced Concrete Subjected to Reversed Cyclic Shear-Experiments and Constitutive Model［J］. ASCE，1991，88（2）.

［11］邱法维，钱稼茹，陈志鹏. 结构抗震实验方法［M］. 北京：科学出版社，2000.

［12］沈聚敏，周锡元，等. 抗震工程学［M］. 北京：中国建筑工业出版社，2000.

第6章 钢筋混凝土复合受扭行为
非线性有限元分析

6.1 概　述

在物理学、工程学以及应用数学中，大多数问题都可以归结为连续问题和离散问题两大类。力学分析方法可分为解析法和数值法两类。解析法只能对某些简单问题在几何边界相当规则、遵循基本方程（常微分方程或偏微分方程）和相应的边界条件下得到闭合形式的解答。对于大多数的工程技术问题，由于物体几何形状较复杂或问题的某些特征是非线性的，得到解析解往往是不可能的，唯一途径是应用数值法求出问题的近似解。数值法又可分为两类。第一类是在解析法基础上进行近似数值计算：第一步，对连续体力学问题建立基本微分方程；第二步，对基本微分方程采用近似的数值解法，这类方法的代表是有限差分法。对于具有规则几何特性和均匀材料特性的问题，有限差分法的程序设计比较简单、收敛性比较好，但当遇到几何形状复杂的边界条件时，应用有限差分法求解精度受到限制，甚至求解困难。第二类是在力学模型上进行近似的数值计算：第一步，将连续体简化为由有限个单元组成的离散化模型；第二步，对离散化模型求出数值解答。这类方法的代表是有限元法。有限元法具有很多优点：

1）物理概念清晰。一开始就从力学角度进行简化，使初学者易于掌握和应用。

2）具有很强的灵活性与通用性。有限元法对于各种复杂的问题（例如复杂的几何形状，任意的边界条件，不均匀的材料特性，结构中包含杆件、板、壳等不同类型的构件）都能灵活地加以考虑，而不会发生处理上的困难，几乎适用于求解所有的连续介质和场问题。

3）采用矩阵形式表达，便于编制计算机程序，可以充分利用高速电子计算机所提供的便利。

高效率、大容量的计算机使得有限元理论有可能解决大量经典理论无法解决的复杂工程问题和物理学问题，使得连续介质力学问题的解决出现了巨大的突破。有限元法被公认为应力分析的最有效工具而得到普遍的重视。

从选择基本未知量的角度来看，有限元法可分为三类：

1) 位移法，取结点位移作为基本未知量。

2) 力法，取结点力作为基本未知量。

3) 混合法，取一部分结点位移和一部分结点力作为基本未知量。

与力法相比，位移法具有易于实现计算自动化的优点，因而应用范围最广。在某些特殊问题中，力法由于未知量的个数较少而被采用。混合法的应用较晚，在板壳问题中已经显示出某些优点。

从推导方法来看，有限元法可分为三类：

1) 直接法。优点是易于理解，但只能用于较简单的问题。直接刚度法是它的一个典型代表。

2) 变分法。把有限元法归结为求泛函的极值问题（例如固体力学中的最小势能原理与最小余能原理），认为有限元法是基于变分原理的里兹（Ritz）法的另一种形式，从而使里兹法分析的所有理论基础都适用于有限元法，确认了有限元法是处理连续介质问题的一种普遍方法；同时，有限元法假设的近似函数不是在全求解域上，而是在单元上规定的，事先不要求满足任何边界条件，可以用来处理很复杂的连续介质问题，使有限元法建立在更加坚实的数学基础上，扩大了有限元法的应用范围。

3) 加权余数法。不需要利用泛函的概念，而是直接从基本微分方程出发求出近似解，对于根本不存在泛函的工程领域都可采用，从而进一步扩大了有限元法的应用范围。

随着工程材料非线性形态的机理逐渐被人们所掌握，有限元法的研究重点又从线性问题转移到非线性问题。非线性有限元法是在线性有限元法的基础上发展起来的，所以有必要先对线性有限元的基本概念和方法作一简介。

为了进行结构分析，将结构物简化为若干结点组成的系统，而这些结点是由若干离散的单元互相联结在一起的。有限元分析的目标是，在给定结点荷载、结构几何尺寸及结构单元的刚度特性的条件下，求解出结点位移及结构的内部应力。

结构分析问题可以分为一维、二维和三维问题。一维问题比较简单，可以用直接刚度法求解。二维和三维问题则需要将连续介质离散化，用有限个单元的组合体代替原来的连续介质，这些单元只在有限个结点上互相联结，只包含有限个自由度，并可以用矩阵方法分析。有限元分析的步骤如下：

1) 将结构物划分为有限个单元，各单元边界线的交点称为结点，结点位移是基本未知量。

2) 选择一个函数，称为位移函数，通过它可以用结点位移唯一地表示单元内部任何一点的位移。位移函数需满足相邻单元之间位移连续性条件。假设单元结点位移矢量为 $\{\delta\}^e$，单元内的位移矢量为 $\{u\}^e$，选择的位移函数为 N，则可建立起如下关系式：

$$\{u\}^e = [N]\{\delta\}^e \tag{6.1}$$

式中，上标 e 表示属于单元级的物理量。

位移函数也称形函数，它的选择可以多种多样，可以是一次的，也可以是高次的，这样就形成了不同的单元形态。二维问题常用的有常应变三角形单元或矩形单元、高次三角形单元或矩形单元。三维问题中常用的有四面体单元、六面体单元和等参数单元等[1]。

3) 利用位移函数，通过推导，可以建立起单元内任何一点的应变与结点位移的关系。换言之，可用结点位移唯一地表示单元内任一点的应变。其关系式为

$$\{\varepsilon\}^e = [B]\{\delta\}^e \tag{6.2}$$

式中，$\{\varepsilon\}^e$ 为单元内任一点的应变矢量；$[B]$ 表示单元内位移与应变关系的变换矩阵，与位移函数 $[\varphi]$ 有关。

4) 选择合适的应力-应变关系。对于线性问题，则利用广义虎克定律，建立起单元内的应力-应变关系式。

$$\{\sigma\}^e = [D]\{\varepsilon\}^e \tag{6.3}$$

式中，$\{\sigma\}^e$ 为单元内任一点的应力矢量；$[D]$ 为应力-应变关系矩阵，在线性分析中则是由广义虎克定律给出的，称为弹性矩阵，它反映单元的材料特性。

将式 (6.2) 代入式 (6.3)，则可以得到用单元结点位移 $\{\delta\}^e$ 表示单元内部应力 $\{\sigma\}^e$ 的关系式，即

$$\{\sigma\}^e = [D][B]\{\delta\}^e \tag{6.4}$$

5) 利用虚功原理，找到与单元内部应力状态等效的结点力，再利用单元应力与结点位移的关系 [式 (6.4)] 建立起等效结点力与结点位移的关系。

$$\{p\}^e = [k]^e\{\delta\}^e \tag{6.5}$$

式中，$\{p\}^e$ 为作用于单元结点上的等效集中力；$[k]^e$ 为单元刚度矩阵，满足

$$[k]^e = \int_{V^e} [B]^{\mathrm{T}}[D][B]\mathrm{d}V \tag{6.6}$$

6) 把每一个单元所承受的荷载按静力等效原则转移到结点上。除了结点上的集中荷载以外，分布荷载也可以折算成为等价的结点荷载。

7) 按式 (6.6) 计算出单元刚度矩阵 $[k]^e$ 以后，还需从局部坐标转换到总体坐标上去，按照一定规则形成结构的总体刚度矩阵 $[K]$。根据平衡条件，可以得到

$$[K]\{\delta\} = \{P\} \tag{6.7}$$

式中，$[K]$ 为总体刚度矩阵；$\{\delta\}$ 为结构全部结点位移组成的矢量；$\{P\}$ 为结构

全部结点荷载组成的矢量。

上式是以位移为未知量的有限元控制方程。

8）求解平衡方程式（6.7），实际上是求解代数方程组，解出结点位移 $\{\delta\}$。

9）利用已求出的各结点位移 $\{\delta\}$，应用式（6.2）和式（6.3）计算出各单元的应变和应力。

非线性有限元是在线性有限元的基础上发展起来的，对于线性问题来说，$[D]$ 矩阵是由材料特性常数如弹性模量 E 和泊松比 μ 所构成的，所以说，线性有限元中，$[D]$ 矩阵是不随应变 $\{\varepsilon\}$ 而改变的。但是在非线性弹性和弹塑性材料条件下，$[D]$ 矩阵是应变 $\{\varepsilon\}$ 和应力 $\{\sigma\}$ 的函数，$[D]$ 矩阵也是结点位移 $\{\delta\}$ 的函数，刚度矩阵 $[K]$ 也是结点位移 $\{\delta\}$ 的函数。这些变化都是由材料特性随应变发生变化而引起的，这样就引出了所谓"材料非线性问题"。

另一类非线性问题是由固体的大位移引起的。$[B]$ 矩阵与位移插值多项式 h_i 相对于坐标 x_i 的偏导数 $\partial h_i / \partial x_i$ 有关，而 h_i 是有限元集合体的位形的函数。但是如果有限元集合体的位移较大而不能假设为无限小量，这时集合体的位形将随位移而变动，$[B]$ 和 $[K]$ 将是位移 $\{\delta\}$ 的函数。概括起来说，由于大变位、大挠度引起的非线性问题，统称为"几何非线性问题"。

由此可见，非线性问题可以归结为三类，即材料非线性、几何非线性和材料与几何的非线性问题。在非线性有限元的早期发展中，材料非线性和几何非线性是平行发展的，后来才逐渐汇合在一起。

在材料非线性问题中，研究的重点是应力与应变之间的关系，现在一般称之为本构关系。在单向受力情况下，本构关系可以很容易地通过材料试验确定，但是在复杂应力情况下，材料是否达到屈服，不能仅仅由某个应力分量是否达到屈服强度作出判断，而是取决于所有应力分量的某种组合，这时就需要提供某种用数学公式表达的判定准则，即所谓屈服准则。

在几何非线性问题中，重点研究运动关系式和平衡关系式，即应变与位移的关系，为此，就应给出参考标架（坐标系统），藉以表示运动方程和平衡方程中的力和位移。

鉴于本次研究所考虑问题的特性，本章所讨论的内容仅局限于由于钢筋混凝土材料非线性的本构关系引起的材料非线性问题，涉及的材料非线性包括：在短期荷载作用下混凝土和钢材的非线性应力-应变关系；混凝土开裂；混凝土与钢筋粘结及骨料锁定效应的非线性本构关系。

6.2　有限元模型的建立

弯压剪扭复合受力下的钢筋混凝土结构由钢筋和混凝土两种材料组成。如何将这类结构离散化？这一问题与一般均匀连续的一种或几种材料组成的结构有类似之处，但也有不同点[2]。在钢筋混凝土结构中钢筋一般是被包围于混凝土之中的，而且相对体积较小，在建立钢筋混凝土的有限元模型时必须考虑到这一特点。通常构成钢筋混凝土结构的有限元模型主要有 3 种方式，即分离式、组合式和整体式。

6.2.1　结构的离散化

在钢筋混凝土有限元模型中，结构的离散化实际上就是将混凝土和钢筋作为何种单元来表达的问题。一般，由于混凝土的各向异性，针对所要解决的不同问题，我们可以采用不同的单元形式，这在大部分的有限元著作中都有叙述；而钢筋多在顺长方向上起作用，只要采用一维本构关系就可以满足工程需要。所以，结构的离散化又可以理解为钢筋的表达方式。钢筋的表达方式有以下三种：分离式模型，埋藏式模型，分布式模型。

分离式模型把混凝土和钢筋作为不同的单元来处理，即混凝土和钢筋各自被划分为足够小的单元，钢筋和混凝土之间可以插入联结单元来模拟钢筋和混凝土之间的粘结和滑移，这一点是组合式或整体式有限元模型办不到的。但若钢筋和混凝土之间粘结得很好，不会有相对滑移，则可视为刚性联结，这时也可以不用联结单元。如果忽略钢筋的横向抗剪刚度，钢筋也可以作为线性单元处理。

埋藏式模型常用于混凝土高次等参单元，假设粘结完好，认为钢筋的位移与所在单元的位移相容，两者之间无相对滑移。

分布式模型假定钢筋以一个确定的角度分布在整个单元中，假设混凝土与钢筋之间存在着良好的粘结，这种单元采用混凝土-钢筋复合的本构关系。

关于单元的刚度矩阵，除了联结单元外，与一般的线形单元、平面单元或立体单元并无太多的区别。这些单元刚度矩阵的推导可以很方便地在一般的有限元教材中找到。但是为了应用的方便，这里对混凝土压弯剪扭构件有限元非线性分析中的几个常见问题作一简要说明。

6.2.2　特定单元的分析和单元刚度矩阵的形成

针对本章研究的特点，有限元分析中混凝土所采用的单元为八节点六面体等参单元，它的位移模式和坐标轴变换式采用相同的形函数，这种单元是近年来解决弹塑性问题的有效的单元形式，得到了广泛的应用。钢筋单元分为两种情况，纵向钢筋采用分离式单元，箍筋采用埋藏式单元。

1. 混凝土单元

混凝土单元采用空间八节点六面体等参单元，由边长为 2 的简单形状单元（又称母单元）和试件的复杂形状单元（又称子单元）通过坐标变换得到，应用两套坐标系，即单元坐标 (ξ, η, ζ) 和整体坐标 (x, y, z)，两套坐标之间可以建立固定的对应关系，局部坐标系 (ξ, η, ζ) 放在母单元的形心处，见图 6.1。

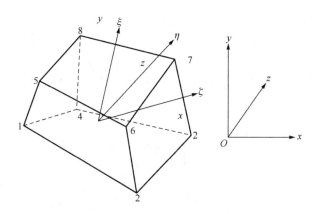

图 6.1 局部坐标与整体坐标的关系

形函数选择为

$$N_i = \frac{1}{8}(1 + \xi\xi_i)(1 + \eta\eta_i)(1 + \zeta\zeta_i) \quad (i = 1, 2, \cdots, 8) \tag{6.8}$$

单元内任一点的位移与结点位移、任一点的坐标和结点坐标可以用形函数联系起来，即

$$\begin{Bmatrix} u \\ v \\ w \end{Bmatrix} = \sum_{i=1}^{8} N_i \begin{Bmatrix} u_i \\ v_i \\ w_i \end{Bmatrix} \tag{6.9}$$

$$\begin{Bmatrix} x \\ y \\ z \end{Bmatrix} = \sum_{i=1}^{8} N_i \begin{Bmatrix} x_i \\ y_i \\ z_i \end{Bmatrix} \tag{6.10}$$

N_i 满足在结点 i 上的值是 1，而在其余结点上的值是零的性质。

位移模式的矩阵形式为

$$\begin{Bmatrix} u \\ v \\ w \end{Bmatrix} = \begin{bmatrix} N_1 & 0 & 0 & N_2 & 0 & 0 & \cdots & N_8 & 0 & 0 \\ 0 & N_1 & 0 & 0 & N_2 & 0 & \cdots & 0 & N_8 & 0 \\ 0 & 0 & N_1 & 0 & 0 & N_2 & \cdots & 0 & 0 & N_8 \end{bmatrix}_{8\times24} \begin{Bmatrix} u_1 \\ u_2 \\ u_3 \\ v_1 \\ v_2 \\ v_3 \\ w_1 \\ w_2 \\ w_3 \end{Bmatrix} = [N]_{3\times24} \{\delta\}^e$$

(6.11)

由几何关系式（6.2），应变可由位移的微分求解，进而用结点位移表示为

$$\{\varepsilon\} = \begin{Bmatrix} \varepsilon_x \\ \varepsilon_y \\ \varepsilon_z \\ \gamma_{xy} \\ \gamma_{yz} \\ \gamma_{zx} \end{Bmatrix} = \begin{Bmatrix} \frac{\partial u}{\partial x} \\ \frac{\partial v}{\partial y} \\ \frac{\partial w}{\partial z} \\ \frac{\partial u}{\partial y} + \frac{\partial v}{\partial x} \\ \frac{\partial v}{\partial z} + \frac{\partial w}{\partial y} \\ \frac{\partial w}{\partial x} + \frac{\partial u}{\partial z} \end{Bmatrix} = [B]\{\delta_i\}$$

(6.12)

$[B]$ 为几何矩阵，它是 6×24 阶矩阵，其应变转换矩阵为

$$[B]_{6\times24} = \begin{bmatrix} B_1 & B_2 & B_3 & B_4 & B_5 & B_6 \end{bmatrix}$$

(6.13)

$$[B_i] = \begin{bmatrix} \frac{\partial N_i}{\partial x} & 0 & 0 \\ 0 & \frac{\partial N_i}{\partial y} & 0 \\ 0 & 0 & \frac{\partial N_i}{\partial z} \\ \frac{\partial N_i}{\partial y} & \frac{\partial N_i}{\partial x} & 0 \\ 0 & \frac{\partial N_i}{\partial z} & \frac{\partial N_i}{\partial y} \\ \frac{\partial N_i}{\partial z} & 0 & \frac{\partial N_i}{\partial x} \end{bmatrix}$$

(6.14)

以上两式由结点位移求单元应变时，要求形函数在整体坐标 (x, y, z) 中的导数，但形函数是建立在局部坐标 (ξ, η, ζ) 中的，需要将局部坐标 (ξ, η, ζ) 中的表达式转换到整体坐标 (x, y, z) 中去，这可以通过雅可比矩阵来实现。应用复合函数导数的法则可得

$$\frac{\partial N_i}{\partial \xi} = \frac{\partial N_i}{\partial x}\frac{\partial x}{\partial \xi} + \frac{\partial N_i}{\partial y}\frac{\partial y}{\partial \xi} + \frac{\partial N_i}{\partial z}\frac{\partial z}{\partial \xi} \tag{6.15}$$

同样可得 $\dfrac{\partial N_i}{\partial \eta}$, $\dfrac{\partial N_i}{\partial \zeta}$, 写成矩阵形式为

$$\begin{Bmatrix}\dfrac{\partial N_i}{\partial \xi}\\[2mm]\dfrac{\partial N_i}{\partial \eta}\\[2mm]\dfrac{\partial N_i}{\partial \zeta}\end{Bmatrix} = \begin{bmatrix}\dfrac{\partial x}{\partial \xi}&\dfrac{\partial y}{\partial \xi}&\dfrac{\partial z}{\partial \xi}\\[2mm]\dfrac{\partial x}{\partial \eta}&\dfrac{\partial y}{\partial \eta}&\dfrac{\partial z}{\partial \eta}\\[2mm]\dfrac{\partial x}{\partial \zeta}&\dfrac{\partial y}{\partial \zeta}&\dfrac{\partial z}{\partial \zeta}\end{bmatrix}\begin{Bmatrix}\dfrac{\partial N_i}{\partial x}\\[2mm]\dfrac{\partial N_i}{\partial y}\\[2mm]\dfrac{\partial N_i}{\partial z}\end{Bmatrix} = [J]\begin{Bmatrix}\dfrac{\partial N_i}{\partial x}\\[2mm]\dfrac{\partial N_i}{\partial y}\\[2mm]\dfrac{\partial N_i}{\partial z}\end{Bmatrix} \tag{6.16}$$

也可以表达为

$$\begin{Bmatrix}\dfrac{\partial N_i}{\partial x}\\[2mm]\dfrac{\partial N_i}{\partial y}\\[2mm]\dfrac{\partial N_i}{\partial z}\end{Bmatrix} = [J]^{-1}\begin{Bmatrix}\dfrac{\partial N_i}{\partial \xi}\\[2mm]\dfrac{\partial N_i}{\partial \eta}\\[2mm]\dfrac{\partial N_i}{\partial \zeta}\end{Bmatrix} \tag{6.17}$$

通过雅可比矩阵 $[J]$ 的求逆 $[J]^{-1}$，可以将形函数对局部坐标的导数转换为对整体坐标的导数。

雅可比矩阵 $[J]$ 的计算方法为

$$[J] = \begin{bmatrix}\dfrac{\partial x}{\partial \xi}&\dfrac{\partial y}{\partial \xi}&\dfrac{\partial z}{\partial \xi}\\[2mm]\dfrac{\partial x}{\partial \eta}&\dfrac{\partial y}{\partial \eta}&\dfrac{\partial z}{\partial \eta}\\[2mm]\dfrac{\partial x}{\partial \zeta}&\dfrac{\partial y}{\partial \zeta}&\dfrac{\partial z}{\partial \zeta}\end{bmatrix}_{3\times3} = \begin{bmatrix}\sum\limits_{i=1}^{8}\dfrac{\partial N_i}{\partial \xi}x_i&\sum\limits_{i=1}^{8}\dfrac{\partial N_i}{\partial \xi}y_i&\sum\limits_{i=1}^{8}\dfrac{\partial N_i}{\partial \xi}z_i\\[2mm]\sum\limits_{i=1}^{8}\dfrac{\partial N_i}{\partial \eta}x_i&\sum\limits_{i=1}^{8}\dfrac{\partial N_i}{\partial \eta}y_i&\sum\limits_{i=1}^{8}\dfrac{\partial N_i}{\partial \eta}z_i\\[2mm]\sum\limits_{i=1}^{8}\dfrac{\partial N_i}{\partial \zeta}x_i&\sum\limits_{i=1}^{8}\dfrac{\partial N_i}{\partial \zeta}y_i&\sum\limits_{i=1}^{8}\dfrac{\partial N_i}{\partial \zeta}z_i\end{bmatrix}_{3\times3}$$

$$= \begin{bmatrix}\dfrac{\partial N_1}{\partial \xi}&\dfrac{\partial N_2}{\partial \xi}&\cdots&\dfrac{\partial N_8}{\partial \xi}\\[2mm]\dfrac{\partial N_1}{\partial \eta}&\dfrac{\partial N_2}{\partial \eta}&\cdots&\dfrac{\partial N_8}{\partial \eta}\\[2mm]\dfrac{\partial N_1}{\partial \zeta}&\dfrac{\partial N_2}{\partial \zeta}&\cdots&\dfrac{\partial N_8}{\partial \zeta}\end{bmatrix}_{3\times8}\begin{bmatrix}x_1&y_1&z_1\\x_2&y_2&z_2\\\vdots&\vdots&\vdots\\x_8&y_8&z_8\end{bmatrix}_{8\times3} \tag{6.18}$$

形函数对局部坐标 (ξ, η, ζ) 的值 $\dfrac{\partial N_i}{\partial \eta}(i=1\sim8)$ 见参考文献 [2]。

$$[J]^{-1} = \frac{[J]^*}{|J|} \tag{6.19}$$

按式（6.6）求单元的刚度矩阵，还要对积分的单元体积进行变换：

$$dV = |J| d\xi d\eta d\zeta \tag{6.20}$$

运用虚功原理，即可得出单元刚度矩阵的表达式为

$$[k]^e_{24\times24} = \iiint_{v^e} [B]^{\mathrm{T}}[D][B] dx dy dz$$

$$= \iiint_{v^e} [B_1^{\mathrm{T}} \quad B_2^{\mathrm{T}} \quad \cdots \quad B_8^{\mathrm{T}}]_{24\times6}[D]_{6\times6}[B_1 \quad B_2 \quad \cdots \quad B_8]_{6\times24} dx dy dz$$

$$= \begin{bmatrix} k_{11} & k_{12} & \cdots & k_{18} \\ k_{21} & k_{22} & \cdots & k_{28} \\ \vdots & \vdots & & \vdots \\ k_{81} & k_{82} & \cdots & k_{88} \end{bmatrix}_{24\times24} \tag{6.21}$$

$$[k_{ij}]_{3\times3} = \iiint_{v^e} [B_i]_{3\times6}^{\mathrm{T}}[D]_{6\times6}[B_j]_{6\times3} dx dy dz$$

$$= \int_1^1 \int_1^1 \int_1^1 [B_i]^{\mathrm{T}}[D][B_j]|J| d\xi d\eta d\zeta \quad (i,j = 1,2,\cdots,8) \tag{6.22}$$

2. 埋藏式钢筋单元

基本假定：

1）混凝土与箍筋之间有良好的粘结，二者无相对滑移。

2）膜单元只能承受膜向应力即面内轴力，不能承受弯矩和横向切力，膜很薄，沿厚度方向的位移为常量。

3）膜单元的位移与相应位置体单元的位移相容。

本次有限元分析中，纵向受力钢筋用分离式钢筋模型，与混凝土单元一样，可以用三角形单元、矩形单元或一维线形单元。箍筋用埋藏式单元。埋藏式钢筋模型也有几种形式，常见的有分层式、膜单元式等。所谓分层式模型，是在横截面上分成许多混凝土层和若干钢筋层，并假定应变沿截面高度为直线分布，由平衡条件和材料的应力应变关系可以导出单元的刚度矩阵表达式。分层式钢筋模型多用于钢筋混凝土板、壳结构的分析计算。以下重点介绍用膜单元来模拟箍筋的方法及其单元刚度矩阵表达式的推演。

我们可以采用六面体单元（具有八结点或二十结点）的等参数单元来模拟混凝土，而把箍筋作为附着在混凝土等参数单元内或单元上的"膜单元"。有关八结点或二十结点的六面体等参单元刚度矩阵的公式推演如上所述。之所以采

用膜单元，是因为箍筋所占体积（或面积）与混凝土等参单元的体积（或面积）相比要小得多，二者相差悬殊，为保证计算的稳定性需要作特殊处理。在推导膜单元刚度矩阵时，先建立起单元的局部坐标 (ξ, η, ζ)，为方便起见，使膜的中面在所在的体单元内局部坐标系中为常数 ξ_0（图 6.2）。假设膜单元只能承受膜向应力即面内轴力，不能承受弯矩和横向切力，又因膜很薄，可以认为沿厚度方向的位移为常量，这样膜单元内的应变便可以用中面的位移来表示。由上述假定可知，沿厚度方向的应变可以忽略，只有面内应变，该应变可以写成下述形式，即

$$\{\varepsilon\} = \left\{ \begin{array}{c} \varepsilon'_x \\ \varepsilon'_y \\ \gamma'_{xy} \end{array} \right\} = \left\{ \begin{array}{c} \dfrac{\partial u'}{\partial x} \\ \dfrac{\partial v'}{\partial y} \\ \dfrac{\partial u'}{\partial y} + \dfrac{\partial v'}{\partial x} \end{array} \right\} \qquad (6.23)$$

式中，$\{\varepsilon'\}$ 为 ξ - η 平面内的应变列阵，u'、v' 分别是该平面内沿 ξ 和 η 方向的位移。

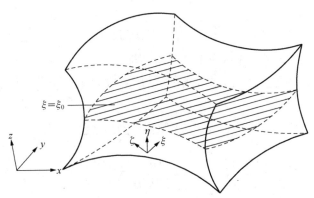

图 6.2　附着在六面体单元中的膜单元

通过坐标转换矩阵 $[L]$，可以建立起应变列阵 $\{\varepsilon'\}$ 与单元应变列阵 $\{\varepsilon\}$ 的关系，即

$$\{\varepsilon'\} = [L]\{\varepsilon\} \qquad (6.24)$$

其中，$[L]$ 可表达为

$$[L] = \begin{bmatrix} l_1^2 & m_1^2 & n_1^2 & l_1 m_1 & m_1 n_1 & n_1 l_1 \\ l_2^2 & m_2^2 & n_2^2 & l_2 m_2 & m_2 n_2 & n_2 l_2 \\ 2l_1 l_2 & 2m_1 m_2 & 2n_1 n_2 & l_1 m_2 + l_2 m_1 & m_1 n_2 + m_2 n_1 & n_1 l_2 + n_2 l_1 \end{bmatrix}$$

$$(6.25)$$

式中，l_1，m_1，n_1 和 l_2，m_2，n_2 是 ξ 和 η 方向的方向余弦。按照向量代数，可得如下关系：

$$l_1 = \frac{1}{\alpha_1} \frac{\partial x}{\partial \xi}$$

$$m_1 = \frac{1}{\alpha_1} \frac{\partial y}{\partial \xi}$$

$$n_1 = \frac{1}{\alpha_1} \frac{\partial z}{\partial \xi}$$

$$l_2 = \frac{1}{\alpha_2} \frac{\partial x}{\partial \eta}$$

$$m_2 = \frac{1}{\alpha_2} \frac{\partial y}{\partial \eta}$$

$$n_2 = \frac{1}{\alpha_2} \frac{\partial z}{\partial \eta} \tag{6.26}$$

其中

$$\alpha_1 = \sqrt{\left(\frac{\partial x}{\partial \xi}\right)^2 + \left(\frac{\partial x}{\partial \xi}\right)^2 + \left(\frac{\partial x}{\partial \xi}\right)^2}$$

$$\alpha_2 = \sqrt{\left(\frac{\partial x}{\partial \eta}\right)^2 + \left(\frac{\partial x}{\partial \eta}\right)^2 + \left(\frac{\partial x}{\partial \eta}\right)^2} \tag{6.27}$$

等效钢筋薄膜断面面积 dA 可由下式求得，即

$$dA = \sqrt{M_x^2 + M_y^2 + M_z^2}\, d\xi d\eta \tag{6.28}$$

式中

$$M_x = \frac{\partial y}{\partial \xi} \frac{\partial z}{\partial \eta} - \frac{\partial y}{\partial \eta} \frac{\partial z}{\partial \xi}$$

$$M_y = \frac{\partial x}{\partial \xi} \frac{\partial x}{\partial \eta} - \frac{\partial z}{\partial \eta} \frac{\partial x}{\partial \xi}$$

$$M_z = \frac{\partial x}{\partial \xi} \frac{\partial y}{\partial \eta} - \frac{\partial x}{\partial \eta} \frac{\partial y}{\partial \xi} \tag{6.29}$$

若薄膜的厚度为 t，薄膜的体积为

$$dV = t dA \tag{6.30}$$

假设膜单元的位移与相应位置体单元的位移相容，则可以用体单元的节点位移向量来表示膜单元的应变向量，即

$$[\varepsilon'] = [L][B]\{\delta\}^e \tag{6.31}$$

依据公式（6.3），通过坐标转换矩阵，把局部坐标转到总体坐标中去，可以得到总体坐标系中的应力表达式为

$$\{\sigma\} = [L]^T[\sigma'] = [L]^T[D_s][L]\{\varepsilon\} \tag{6.32}$$

运用虚功原理，即可得出钢筋薄膜对单元刚度矩阵贡献的表达式为

$$[k_s] = \iiint\limits_{v^e} [B]^T [L]^T [D_s][L][B]\mathrm{d}V$$

用同样的方法可以导出 $\eta = \eta_0$，$\zeta = \zeta_0$ 的膜对单元刚度矩阵的贡献公式。含有膜单元的体单元的单元刚度矩阵由两部分组成：一部分是混凝土体单元的贡献，另一部分为等效钢筋膜单元的贡献，即

$$[k]^e = [k_c] + [k_s] \tag{6.33}$$

6.2.3　数值积分的方法——高斯求积公式

在有限元法中大都采用数值积分的方法来代替求单元刚度矩阵时的函数积分。高斯积分法是有限元分析中常用的具有较高精度的数值积分法，它是在单元内选出一些积分点，计算出被积函数在这些点的函数值，然后用一些权重函数与这些函数值相乘，求出总和，作为积分的近似值。三维的高斯求积公式为

$$\int_{-1}^{1}\int_{-1}^{1}\int_{-1}^{1} f(\xi,\eta,\zeta)\mathrm{d}\xi\mathrm{d}\eta\mathrm{d}\zeta = \sum_{i=1}^{m}\sum_{j=1}^{n}\sum_{k=1}^{l} f(\xi_i,\eta_j,\zeta_k)w_iw_jw_k \tag{6.34}$$

由于本章采用的是六面体八节点等参元，故选用 8 个积分点的高斯求积公式，即

$$[k_{ij}]_{3\times3} = \sum_{1}^{2}\sum_{1}^{2}\sum_{1}^{2} ([B_i]^T[D][B_j]|J|)_{\xi,\eta,\zeta}w_rw_sw_t \tag{6.35}$$

高斯点的值为：$\xi_1 = \eta_1 = \zeta_1 = 0.577\,350\,269$，$\xi_2 = \eta_2 = \zeta_2 = -0.577\,350\,269$，$w_r = w_s = w_t = 1$。在离散单元时应注意，结点编号的次序与形函数的取法一致，应取反时针方向，单元形状不允许出现凹角。

6.3　钢筋与混凝土的本构关系

在多轴荷载作用下，混凝土的强度是整个应力状态的函数，而不仅仅是单独的压应力、单独的剪应力或拉应力，必须考虑各个应力分量自己的交互关系对于混凝土强度的影响，因此混凝土材料的实际特性和强度是一个非常复杂的问题，它与许多因素有关。当混凝土处于不同的荷载条件下，它所表现出的承载能力也有所不同。有关混凝土在多轴作用下的强度理论问题的研究有许多，特别是在 20 世纪 60 年代以来，混凝土的破坏理论有了长足的发展，但迄今还没有一种数学理论模型能真实地反映混凝土在所有复杂条件下的强度理论。本节将对几种较为典型的理论模型作一简单的回顾，并在前人研究的基础上选择修改得出一种适合本次研究的钢筋与混凝土的本构关系理论模型。

6.3.1　混凝土的破坏准则

将混凝土的破坏包络曲面用数学函数加以描述，作为判定混凝土是否到达破坏状态或极限强度的条件，称为破坏准则或强度准则。

迄今为止，国内外研究者提出的混凝土破坏准则不下数十种，它们的来源分成三类：

1）借用古典强度理论的观点和表达式。

2）以混凝土多轴强度试验资料为基础的经验回归式。

3）以包络曲面的几何形状特征为依据的纯数学推导式，参数由若干特征强度值标定。

1. 古典强度理论

（1）最大拉应力理论（Rankine 强度理论）

当材料承受的最大拉应力达到极限值 f'_t 时发生破坏，表达成破坏曲面方程为

$$\sigma_1 \leqslant f'_t$$
$$\sigma_2 \leqslant f'_t$$
$$\sigma_3 \leqslant f'_t \tag{6.36}$$

若用坐标 (ξ, γ, θ) 或者用变量 I_1，$\sqrt{J_2}$ 和 θ 来表示破坏曲面，则为

$$\sqrt{2}\gamma\cos\theta + \xi - \sqrt{3}f'_t = 0 \tag{6.37}$$

$$f(I_1, J_2, \theta) = 2\sqrt{3}\sqrt{J_2}\cos\theta + I_1 - 3f'_t \tag{6.38}$$

（2）最大拉应变理论（Mariotto 强度理论）

当材料的最大主拉应变达到极限值 ε_t 时发生破坏，强度条件可写为

$$-\varepsilon_0 \leqslant \varepsilon_1 \leqslant \varepsilon_0, -\varepsilon_0 \leqslant \varepsilon_2 \leqslant \varepsilon_0, -\varepsilon_0 \leqslant \varepsilon_3 \leqslant \varepsilon_0 \tag{6.39}$$

（3）最大剪应力理论（Tresca 强度理论）

当材料承受的最大剪应力达到极限值 k 时发生破坏，表达式为

$$\max\left(\frac{1}{2}|\sigma_1 - \sigma_2|, \frac{1}{2}|\sigma_1 - \sigma_2|, \frac{1}{2}|\sigma_1 - \sigma_2|\right) = k \tag{6.40}$$

若用坐标 (γ, θ) 来表示破坏曲面，则为

$$f(\gamma, \theta) = \gamma\sin\left(\theta + \frac{1}{3}\pi\right) - \sqrt{2}k = 0 \tag{6.41}$$

（4）统计平均剪应力理论（Von Mises 强度理论）

当材料的统计平均剪应力或八面体剪应力达到极限值 k 时发生破坏（屈服），表达式为

$$\tau_{\mathrm{oct}}^2 = \frac{1}{9}\left[(\sigma_1-\sigma_2)^2 + (\sigma_2-\sigma_3)^2 + (\sigma_3-\sigma_1)^2\right] = \left(\sqrt{\frac{2}{3}}k'\right)^2 \qquad (6.42)$$

或简化为下列形式，即

$$f(J_2) = J_2 - k'^2 = 0 \qquad (6.43)$$

（5）Mohr-Coulomb 理论

材料的破坏不仅取决于最大剪应力，还受到剪切面上正应力的影响，表达式为

$$\tau = c - \sigma_n \tan\varphi \qquad (6.44)$$

式中，τ 为剪应力；c 为黏聚力；φ 为内摩擦角；σ_n 为剪切面上的正应力。

若用坐标 (ξ, γ, θ) 或者用变量 I_1，$\sqrt{J_2}$ 和 θ 来表示破坏曲面，则为

$$f(\xi,\gamma,\theta) = \sqrt{2}\xi\sin\varphi + \sqrt{3}\gamma\sin\left(\theta+\frac{\pi}{3}\right) + \gamma\cos\left(\theta+\frac{\pi}{3}\right)\sin\varphi - \sqrt{6}c\cos\varphi = 0$$
$$(6.45)$$

$$f(I_1,J_2,\theta) = \frac{1}{3}I_1\sin\varphi + \sqrt{J_2}\sin\left(\theta+\frac{\pi}{3}\right)\frac{\sqrt{J_2}}{\sqrt{3}}\cos\left(\theta+\frac{\pi}{3}\right)\sin\varphi - c\cos\varphi = 0$$
$$(6.45a)$$

以上均为古典强度理论，它们的共同特点是对材料破坏有明确的理论观点，破坏包络面的几何形状简单，计算式简明，都属于单参数或双参数模型，模型适于手算。其中，Von Mises 准则和 Tresca 准则适用于延性材料，它给出的屈服曲面与静水压 ξ 无关，也就是说，屈服曲面母线平行于 ξ 轴，这两种准则适用于受压混凝土。为了适应混凝土受拉的情况，这两个准则常与最大拉应力准则联合使用。Drucker-Prager 的双参数破坏模型构成一种正圆锥曲面，显然，这种破坏准则的函数随静水压 ξ 变化。可以认为它是对莫尔-库仑准则的一种改进，使后者的破坏曲面光滑化。但 Drucker-Prager 破坏曲面的缺点也是明显的，它的子午线是直线，而在偏量平面上的横截面是圆形，这些特征与混凝土真实破坏曲面的特征不符。直线形的子午线特别不适合较高压应力区。古典强度理论对金属类延展性材料与试验资料有一定程度的符合，但对混凝土这样拉、压破坏方式不同的材料来说就显出一定的局限性。

2. 基于试验的混凝土破坏准则

（1）Bresler-Pister 强度准则[3]

根据混凝土薄壁圆筒试件的扭压试验结果，计算得到了二轴抗压和拉/压强度，首次突破了古典强度理论的直线子午线，建议了抛物线子午线和圆形偏平面包络线的混凝土破坏准则，用八面体应力表达为

$$\frac{\tau'_{oct}}{f'_c} = a - b\frac{\sigma_{oct}}{f'_c} + c\left(\frac{\sigma_{oct}}{f'_c}\right)^2 \tag{6.46}$$

式中，σ_{oct}，τ_{oct} 是按试件的多轴强度计算的八面体剪应力和正应力。

（2）Willam-Warnke 强度准则[4]

采用六段相同的椭圆弧曲线拟合偏平面包络线，相邻曲线段在 $\theta=0°$ 和 $\theta=60°$ 处连续，破坏曲面方程用平均正应力 σ_m 和平均剪应力 τ_m 以及 θ 表示，其公式为

$$f(\sigma_m,\tau_m,\theta) = \frac{1}{\rho}\frac{\sigma_m}{f'_c} + \frac{1}{\gamma(\theta)}\frac{\tau_m}{f'_c} - 1 = 0 \tag{6.47}$$

式中，ρ 为破坏曲面锥体顶点在 ξ 轴上与主应力坐标系原点的距离，即顶点坐标 $\xi=\rho$；平均正应力 σ_m 和平均剪应力 τ_m 为

$$\sigma_m = \sigma_{oct} = \frac{1}{3}I_1 = \frac{1}{\sqrt{3}}\xi$$

$$\tau_m^2 = \frac{3}{5}\tau_{oct}^2 = \frac{2}{5}J_2 = \frac{1}{5}\gamma^2 \tag{6.48}$$

也可以写成主应力的形式，即

$$\sigma_m = \frac{1}{3}(\sigma_1 + \sigma_2 + \sigma_3)$$

$$\tau_m = \frac{1}{\sqrt{15}}[(\sigma_1-\sigma_2)^2 + (\sigma_2-\sigma_3)^2 + (\sigma_3-\sigma_1)^2]^{\frac{1}{2}} \tag{6.49}$$

式（6.47）也可以写成如下形式，即

$$\frac{\tau_m}{f'_c} = \gamma(\theta)\left(1 - \frac{1}{\rho}\frac{\sigma_m}{f'_c}\right) \tag{6.50}$$

（3）Ottosen 强度准则[5]

Ottosen 于 1977 年提出了包含四个参数的破坏准则公式，这个公式的变量包含全部偏张量不变量。Ottosen 准则的表达式为

$$f(I_1,J_2,\cos3\theta) = a\frac{J_2}{f'^2_c} + \lambda\frac{\sqrt{J_2}}{f'_c} + b\frac{I_1}{f'_c} - 1 = 0 \tag{6.51}$$

式中，λ 是 $\cos3\theta$ 的函数，即 $\lambda=\lambda(\cos3\theta)>0$；$a$ 和 b 是两个常数。破坏曲面的子午线是曲线，在偏量平面上的横截面是非圆形的。其在子午平面上的曲线形状由参数 a 和 b 确定，在偏量平面上的横截面形状由函数 λ 确定，函数 λ 由两个参数 $\lambda_t=\frac{1}{\gamma_t}$ 和 $\lambda_c=\frac{1}{\gamma_c}$ 确定，所以说 Ottosen 准则是一个四参数准则。

1）函数 $\lambda(\cos3\theta)$ 的确定。构造一个函数 $A(\cos3\theta)$，由它来控制破坏曲面在偏量平面上的横截面形状，希望其形状随着静水压 ξ 值的增大，由三角形变化成为近于圆形。为此，采用类似受均匀张力的膜，其三角形边界侧面受均匀压

力，膜的垂直位移将遵循泊松方程。定义 $\lambda = \dfrac{1}{\gamma}$，$\lambda$ 为在偏量平面上从 ξ 轴到破坏曲面边界的直线距离，经推导解出方程的根为

$$\lambda = \frac{1}{\gamma} = k_1 \cos\left[\frac{1}{3}\arccos(k_2 \cos 3\theta)\right] \quad (\cos 3\theta \geqslant 0) \qquad (6.52a)$$

$$\lambda = \frac{1}{\gamma} = k_1 \cos\left[\frac{\pi}{3} - \frac{1}{3}\arccos(-k_2 \cos 3\theta)\right] \quad (\cos 3\theta \leqslant 0) \qquad (6.52b)$$

式中，k_1 和 k_2 是两个参数。

根据上述定义：

$$\lambda_c = \lambda(\cos 3\theta) = \lambda(-1) = \frac{1}{\gamma_c} \quad (\text{当 } \theta = 60°)$$

$$\lambda_t = \lambda(\cos 3\theta) = \lambda(1) = \frac{1}{\gamma_t} \quad (\text{当 } \theta = 0) \qquad (6.53)$$

将式（6.53）代入式（6.52）和式（6.53），就可以解出 k_1 和 k_2。系数 k_1 称为量值系数，系数 k_2 称为形状系数。k_2 的取值范围是 $0 < k_2 < 1$。对于高应力状态（或极限状态 $I_1 \to \infty$），则横截面轨迹近于圆形 $\left(\dfrac{\gamma_t}{\gamma_c} \to 1\right)$。

2）参数的确定。由于 Ottosen 准则是四参数模型，要确定这四个参数，就需要有四组试验数据，包括两组单轴试验（f_c'，f_t'），一组双轴试验，一组三轴试验。具体应用中多轴试验数据不易获得，常用单轴数据近似推算。

① 单轴抗压强度 $f_c'(\theta = 60°)$。

② 单轴抗拉强度 $f_t'(\theta = 0)$。

③ 双轴等压强度 f_{bc}'。Kupfer 提供的试验结果认为 $\sigma_1 = \sigma_2 = -1.16f_c'$，$\sigma_3 = 0$，或写为 $f_{bc}' = -1.16f_c'(\theta = 0°)$。

④ 三轴应力状态。按 Balmer 等人的试验结果，可建议取 $\left(\dfrac{\xi}{f_c'}, \dfrac{\gamma}{f_c'}\right) = (-5, 4)$，它反映在子午平面上的一个试验点，并对应 $\theta = 60°$。

（4）Hsieh-Ting-Chen 强度准则[6]

Hsieh 等人在 1979 年建议了另一种四参数混凝土破坏准则，其表达式包含了应力不变量 I_1，J_2 及最大主应力 σ_1，其公式为

$$f(I_1, J_2, \sigma_1) = a\frac{J_2}{f_c'^2} + b\frac{\sqrt{J_2}}{f_c'} + c\frac{\sigma_1}{f_c'} + d\frac{I_1}{f_c'} - 1 \qquad (6.54)$$

按 Hsieh 准则绘出的破坏曲面，其子午线是曲线，在偏量平面上的横截面是非圆形，而且它的某些特殊情况就是上述的一些早期破坏准则。为获得式（6.54）中的四个参数，就需要有四组试验数据。除了单轴拉、压强度外，常采用 Kupfer 的双轴试验结果与 Zimmerman（1970）和 Launay（1970）提供的三轴试验结果。用这样一些试验结果就可以描述下列四种特殊的破坏状态：

① 单轴抗压强度 f'_c。

② 单轴抗拉强度 $f'_t = 0.1f'_c$。

③ 双轴等压强度 $f'_{bc} = 1.15f'_c$。

④ 应力状态 $\left(\dfrac{\sigma_{oct}}{f'}, \dfrac{\tau_{oct}}{f'_c}\right) = (-1.95, 1.6)$，该点落在受压子午线上（$\theta = 60°$），这与 Zimmerman 等人的试验点符合。

由以上四组试验，确定了如下四个参数：$a = 2.0108$，$b = 0.9714$，$c = 9.1412$，$d = 0.2312$。

（5）过—王强度准则[7]

采用幂函数拟合混凝土的破坏准则，其公式为

$$\tau_0 = a\left(\frac{b - \sigma_0}{c - \sigma_0}\right)^d \tag{6.55}$$

$$c = c_t(\cos 1.5\theta)^{1.5} + c_c(\sin 1.5\theta)^2 \tag{6.56}$$

确定这五个参数采用的混凝土特征值为：单轴抗压强度 f_c，单轴抗拉强度 $f_t = 0.1f_c$，双轴等压强度 $f_{cc} = 1.28f_c$，三轴等拉强度 $f_{ttt} = 0.9f_t$，三轴抗压强度（$\theta = 60°$，$\sigma_0 = -4$，$\tau_0 = 2.7$）。用迭代法计算可得参数值：$a = 609\ 638$，$b = 0.09$，$d = 0.9297$，$c_t = 12.2445$，$c_c = 7.3319$。

Bresler 和 Pistter 进一步改进 Drucker-Prager 的模型，他们假设 τ_{oct} 与 σ_{oct} 之间是二次函数关系，子午线被改进成为抛物线，但在偏量平面上仍保持圆形，这就构成了一种三参数模型。另一种三参数模型是由 Willam 和 Warnke 发展起来的。这种模型把偏量平面上的圆形横截面改进成为非圆形，在 60°的区间内采用一段椭圆线，但子午线仍保持 Drucker-Prager 准则中的直线形式。Hsieh 等和 Ottosen 提出的四参数模型，Willam-Warnke 和过—王提出的五参数模型，把子午线改进为曲线，偏量平面上的横截面为非圆形，破坏判据构成的破坏曲面与试验数据符合良好。四、五参数的破坏准则模型也包含了单参数、双参数和三参数破坏准则模型，换言之，较简单的破坏模型是较复杂模型的某些特殊情况。这些数学模型的基础是混凝土试验数据。用三维混凝土强度试验数据，在主应力空间可以绘出真实混凝土破坏曲面，使得混凝土破坏准则的数学模型更接近于试验确定的混凝土破坏曲面。

当然，对于上述较复杂的混凝土破坏模型，有的批评者认为，尽管这些模型与实验数据有良好的符合，但它们是否是破坏理论的数学表达呢？批评者指出，破坏理论应该预示出所有破坏模式，而现有的数学模型仅仅是试验资料的高级数学描述而已。另外，一些批评意见认为，较复杂的混凝土破坏模型需要四种或五种试验数据，这中间除了抗压强度之外，其余试验都不是常规的，难度都较大，所以试验数据的获取并非易事。还有的批评者提出，四、五参数模

型计算出的双轴受压区的强度值一般偏高，等等。

在发展混凝土破坏模型的过程中，还有另外的一些思路。一种观点认为，混凝土的破坏曲面不仅与应力不变量有关，而且与应变也有关系。如果引入应变不变量作为变量，可以使破坏准则中的应力不变量减少，比如可以把第三应力不变量 J_2 省去，而加进应变不变量。

用断裂力学理论作为混凝土破坏理论的基础，这也是另外一种思路。混凝土是一种脆性材料，在应力-应变曲线的峰值出现后，存在着一个应力随应变增加而减小的下降段，常称为"应变软化现象"。这种现象的出现是由变形的不稳定性引起的。这种变形不稳定性主要局限在高应力集中的狭窄区域的尖端。由于存在这种应变局部化现象，又由于这种现象引起的在破坏狭窄条带开展前沿的应力集中的发展，有些研究者认为，用应力（或应变）来表示破坏判据是不充分的。其原因是，在这种情况下，有限元分析的精度在很大程度上取决于有限元单元的尺寸，也就是混凝土结构是否破坏的问题在一定程度上变成了单元划分是否精细的问题。基于这种原因，有的研究者如 Bazant（1980）试图用断裂力学的原理来研究混凝土的破坏准则，他采用能量判据而不是用应力判据来定义混凝土的破坏。但是目前这种类型的破坏模型还很少在实际工程中应用，需要进一步的研究工作使之发展完善。正因为如此，这也是当前一个十分活跃的研究领域。

6.3.2　混凝土的本构关系

钢筋混凝土是由两种成分组成的材料。在考虑材料本构关系的数学模型中，一般将二者分别处理，然后考虑材料的连续性，得到二者的联合效应。对于钢筋的本构关系数学模型，主要基于连续体介质力学中有关变形体的本构关系的众多理论和模型建立。为模拟混凝土的非线性响应，更好地符合物理模型的试验结果，有必要针对钢筋混凝土结构复合受力下的材料特性，在一些基本假定的基础上对固体力学中繁多的本构关系进行选择和参数修改。目前钢筋材料所采用的本构关系模型较为成熟。本节纵向钢筋的本构关系采用弹塑性线性强化模型，箍筋的本构关系采用线弹性模型。混凝土的非线性本构模型[8,9]有以下三大类型。

（1）非线性弹性模型

所谓非线性弹性模型，是用变模量的分段线弹性材料响应模拟混凝土的非线性变形响应。这种方法的优点是计算简单，其缺点是不能精确地描述在接近破坏时处于高应力状态下的混凝土特征，也不能表达所谓应变强化和裂后峰值现象。

（2）塑性模型

塑性模型包括理想塑性模型和弹塑性强化模型。前者是建立在理想弹塑性理论基础上的，用于计算混凝土块体、梁和板等结构的破坏荷载。在这种模型中，钢筋混凝土复杂的非线性不可恢复的力学特征可以用所谓"刚性理想塑性材料"模拟。理想弹塑性模型的缺点是不能反映摩擦和微裂的影响。另外一种塑性模型称为应变强化塑性模型，它的理论是塑性力学。在这种模型中，应变强化、开裂判据以及裂后特征等都有适当的表达，计算所需要的材料参数也不难从试验获得。所以，应变强化塑性模型有较高的工程实用价值。

（3）内时模型

内时模型与上述模型不同，它适合于三个加载方向上的荷载量值比例为定量，即所谓非比例加载情况而引起主应力方向变化的特殊情况。内时模型是用粘弹性形式表达的，采用增量非线性。但混凝土的开裂特性是混凝土最主要的非线性特性之一，因此混凝土线弹性—脆性开裂模型、混凝土非线性弹性—开裂模型、混凝土弹塑性模型是更合理、更实用的模型，现简单回顾之。

1. 未开裂混凝土线弹性各向同性应力-应变关系[10]

应力-应变关系为

$$\sigma_{ij} = 2\mu\varepsilon_{ij} + \lambda\varepsilon_{kk}\delta_{ij} \tag{6.57}$$

由上式可以看到，对于各向同性弹性材料，只有两个独立的材料常数 λ 和 μ，称为拉梅常数，$\lambda = \dfrac{E\nu}{(1+\nu)(1-2\nu)}$，$\mu = \dfrac{E}{2(1+\nu)}$。

应力-应变本构关系写成矩阵形式为

$$\{\sigma\} = [D]\{\varepsilon\} \tag{6.58}$$

$$[D] = \frac{E}{(1+\nu)(1-2\nu)}\begin{bmatrix} 1-\nu & \nu & \nu & 0 & 0 & 0 \\ \nu & 1-\nu & \nu & 0 & 0 & 0 \\ \nu & \nu & 1-\nu & 0 & 0 & 0 \\ 0 & 0 & 0 & \dfrac{1-2\nu}{2} & 0 & 0 \\ 0 & 0 & 0 & 0 & \dfrac{1-2\nu}{2} & 0 \\ 0 & 0 & 0 & 0 & 0 & \dfrac{1-2\nu}{2} \end{bmatrix}$$

$$\tag{6.59}$$

2. 非线性弹性—开裂本构模型

在混凝土采用线性表达方式的钢筋混凝土模型中，仅仅考虑了混凝土开裂和混凝土与钢筋的连接等因素，但是总的来看还是在线性弹性理论的范围内解决问题。在非线性弹性理论中，有多种非线性公式，其中最主要的有两种：一种是超弹性（hyperelastic），对应的是应力-应变关系的全量形式；另一种是次弹性（hypoelastic），对应的是应力-应变关系的增量形式。如果按照超弹性或次弹性定义来构成各向异性的应力-应变关系，是相当复杂的。目前在钢筋混凝土非线性弹性分析中，仅取一个或两个变化参量的最简单形式。在实际应用中，为了反映混凝土材料随应力增加刚度降低，采用了两种非线性弹性数学模型：一种是用割线应力-应变形式表示的材料特性全量表达式，另一种是切线应力-应变形式的材料特性的增量（微分）表达式。

（1）应力-应变关系全量模型

由混凝土线弹性各向同性本构关系式（6.59）可以清楚地表明偏应变张量 e_{ij} 是由偏应力张量 S_{ij} 形成的，体积应变 ε_v 是由平均正应力 σ_m 形成的，其关系为

$$S_{ij} = \frac{E}{1+\nu}e_{ij} = 2Ge_{ij} \tag{6.60}$$

$$\sigma_m = \frac{1}{3}\sigma_{kk} = K\varepsilon_{kk} = K\varepsilon_v \tag{6.61}$$

如果用割线体积模量 K_s 代替 K，用割线剪切模量 G_s 代替 G，则用割线模量表达的本构关系为

$$\sigma_{ij} = 2G_s e_{ij} + K_s \varepsilon_{kk}\delta_{ij} \tag{6.62}$$

K_s 和 G_s 用下式近似计算[11]：

$$K_s(\varepsilon_{oct}) = K_0\left[a(b)\frac{\varepsilon_{oct}}{c} + d\right] \tag{6.63}$$

$$G_s(\gamma_{oct}) = G_0[m(q) - \gamma_{oct}/r - n\gamma_{oct} + t] \tag{6.64}$$

公式的参数都可从试验数据获得。

线弹性各向异性材料的应力-应变关系一般可以写成下列形式：

$$\begin{bmatrix} \sigma_x \\ \sigma_y \\ \sigma_z \\ \tau_{xy} \\ \tau_{yz} \\ \tau_{zx} \end{bmatrix} = [C] \begin{bmatrix} \varepsilon_x \\ \varepsilon_y \\ \varepsilon_z \\ \gamma_{xy} \\ \gamma_{yz} \\ \gamma_{zx} \end{bmatrix} \tag{6.65}$$

其中 $[C]$ 为 6×6 阶对称矩阵。线弹性正交异性材料的本构关系矩阵为

$$
\begin{bmatrix} \sigma_x \\ \sigma_y \\ \sigma_z \\ \tau_{xy} \\ \tau_{yz} \\ \tau_{zx} \end{bmatrix} = \begin{bmatrix} C_{11} & C_{12} & C_{13} & 0 & 0 & 0 \\ & C_{22} & C_{23} & 0 & 0 & 0 \\ & & C_{33} & 0 & 0 & 0 \\ \text{对} & & & C_{44} & 0 & 0 \\ & & & & C_{55} & 0 \\ & \text{称} & & & & C_{66} \end{bmatrix} \begin{bmatrix} \varepsilon_x \\ \varepsilon_y \\ \varepsilon_z \\ \gamma_{xy} \\ \gamma_{yz} \\ \gamma_{zx} \end{bmatrix} \tag{6.66}
$$

如果用材料弹性参数表示上式，可得

$$
\begin{bmatrix} \varepsilon_x \\ \varepsilon_y \\ \varepsilon_z \\ \gamma_{xy} \\ \gamma_{yz} \\ \gamma_{zx} \end{bmatrix} = \begin{bmatrix} \frac{1}{E_x} & -\frac{\nu_{yx}}{E_y} & -\frac{\nu_{zx}}{E_z} & 0 & 0 & 0 \\ -\frac{\nu_{xy}}{E_x} & \frac{1}{E_y} & -\frac{\nu_{zy}}{E_z} & 0 & 0 & 0 \\ -\frac{\nu_{xz}}{E_x} & -\frac{\nu_{xz}}{E_x} & \frac{1}{E_z} & 0 & 0 & 0 \\ 0 & 0 & 0 & \frac{1}{G_{xy}} & 0 & 0 \\ 0 & 0 & 0 & 0 & \frac{1}{G_{yz}} & 0 \\ 0 & 0 & 0 & 0 & 0 & \frac{1}{G_{zx}} \end{bmatrix} \begin{bmatrix} \sigma_x \\ \sigma_y \\ \sigma_z \\ \tau_{xy} \\ \tau_{yz} \\ \tau_{zx} \end{bmatrix} \tag{6.67}
$$

式中，E 为三轴方向的弹性模量，G 为平行于坐标平面的剪切模量，ν 为泊松比。

而对于线弹性横向各向同性材料，其本构关系矩阵为

$$
\begin{bmatrix} \varepsilon_x \\ \varepsilon_y \\ \varepsilon_z \\ \gamma_{xy} \\ \gamma_{yz} \\ \gamma_{zx} \end{bmatrix} = \begin{bmatrix} \frac{1}{E} & -\frac{\nu}{E} & -\frac{\nu'}{E'} & 0 & 0 & 0 \\ -\frac{\nu}{E} & \frac{1}{E} & -\frac{\nu'}{E'} & 0 & 0 & 0 \\ -\frac{\nu'}{E} & -\frac{\nu'}{E'} & \frac{1}{E} & 0 & 0 & 0 \\ 0 & 0 & 0 & \frac{1}{G} & 0 & 0 \\ 0 & 0 & 0 & 0 & \frac{1}{G'} & 0 \\ 0 & 0 & 0 & 0 & 0 & \frac{1}{G'} \end{bmatrix} \begin{bmatrix} \sigma_x \\ \sigma_y \\ \sigma_z \\ \tau_{xy} \\ \tau_{yz} \\ \tau_{zx} \end{bmatrix} \tag{6.68}
$$

这类全量型本构模型的典型代表有 Kupfer-Gestle 模型[12]、Ottosen 模型[13,14] 和 Cedolin-Crutzen-DeiPoli[11]模型。这类本构模型的明显优点是能够反映混凝土受力变形的主要特征，计算公式和参数值都来源于试验数据的回归分析，

在单调比例加载情况下有较高的计算精度，模型表达式简明直观，易于理解和应用，因而在工程中应用最广泛。它们的缺点是不能反映卸载和加载的区别，卸载后无残余变形等。

（2）应力-应变关系增量模型

应力-应变增量模型是建立在次应力基础上，用切线模量形式表示的。通过对线弹性模型修正可以得到以下增量模型的有关计算公式。

1）单变量各向同性模型。

$$\mathrm{d}\sigma_{ij} = \frac{E(s)}{1+\nu}\mathrm{d}\varepsilon_{ij} + \frac{\nu E(t)}{(1+\nu)(1-2\nu)}\mathrm{d}\varepsilon_{kk}\delta_{ij} \tag{6.69}$$

材料的非线性特性主要靠改变杨氏模量 $E(t)$ 体现。

2）双变量各向同性模型。

$$\mathrm{d}\sigma_{ij} = 2G(t)\mathrm{d}\varepsilon_{ij} + [3K(t) - 2G(t)]\mathrm{d}\varepsilon_{\mathrm{oct}}\delta_{ij} \tag{6.70}$$

切线体积模量 $K(t)$ 及切线剪切模量 $G(t)$ 与切线杨氏模量 $E(t)$ 及切线泊松比 $\nu(t)$ 的关系为

$$K(t) = \frac{E(t)}{3[1-2\nu(t)]} = \frac{\mathrm{d}\sigma_{\mathrm{oct}}}{3\mathrm{d}\varepsilon_{\mathrm{oct}}} \tag{6.71}$$

$$G(t) = \frac{E(t)}{2[1+2\nu(t)]} = \frac{\mathrm{d}\tau_{\mathrm{oct}}}{\mathrm{d}\gamma_{\mathrm{oct}}} \tag{6.72}$$

至于计算的具体公式，根据若干试验资料，一些研究者提出过一些经验性的公式。比如 Kupfer 就根据双轴受力的混凝土试验资料，建议了切线体积模量 $K(t)$ 及切线剪切模量 $G(t)$ 的计算公式[15]。

3）正交异性模型[16]。根据双轴混凝土试验资料，假定沿当前两个主应力方向上的切线杨氏模量 $E_1(t)$ 和 $E_2(t)$ 都是应力和应变的函数。Liu[16]在 1972 年提出了一套平面应力问题的应力-应变增量关系公式，即

$$\begin{bmatrix} \mathrm{d}\sigma_x \\ \mathrm{d}\sigma_y \\ \mathrm{d}\tau_{xy} \end{bmatrix} = \begin{bmatrix} \lambda\dfrac{E_1(t)}{E_2(T)} & \lambda\nu_1 & 0 \\ 对 & \lambda & 0 \\ & 称 & \dfrac{E_1(t)E_2(t)}{E_1(t)+E_2(t)+2\nu_1 E_2(t)} \end{bmatrix} \begin{bmatrix} \mathrm{d}\varepsilon_x \\ \mathrm{d}\varepsilon_y \\ \mathrm{d}\gamma_{xy} \end{bmatrix} \tag{6.73}$$

式中，$\lambda = \dfrac{E_1(t)}{E_1(t)/E_2(t)+\nu_1^2}$，$\nu_1$ 为相应于主应力方向的泊松比。切线模量沿着当前两个主应力不同，而且都是应力和应变的函数，其计算公式为

$$E_1(t) = \frac{E(t_0)\left[1-\left(\dfrac{\varepsilon_1}{\varepsilon_p}\right)^2\right]}{\left\{1+\left[\dfrac{1}{1-\left(\dfrac{\sigma_2}{\sigma_1}\right)\nu}\dfrac{E(t_0)\varepsilon_p}{\sigma_p}-2\right]\dfrac{\varepsilon_1}{\varepsilon_p}+\left(\dfrac{\varepsilon_1}{\varepsilon_p}\right)^2\right\}^2} \tag{6.74}$$

但该公式要求主应力轴与主应变轴相重合，这对于一般荷载作用下的混凝土结构是不能满足的。Darwin 和 Pecknold[17,18] 提出了基于"等效单轴应变"概念的数学模型，用对应每一条主应力轴的等效应力-应变关系曲线来表示混凝土内部多轴应力效应。该模型的形式易于有限元的应用，可循环加载，计算中所需参数仅从某些单轴试验数据中即可获得。其三维轴对称的应力应变增量关系为

$$
\begin{bmatrix} d\varepsilon_1 \\ d\varepsilon_2 \\ d\varepsilon_3 \\ d\gamma_{12} \end{bmatrix} = \begin{bmatrix} \dfrac{1}{E_1} & \dfrac{\mu_{12}}{\sqrt{E_1 E_2}} & \dfrac{\mu_{13}}{\sqrt{E_1 E_3}} & 0 \\ & \dfrac{1}{E_2} & \dfrac{\mu_{23}}{\sqrt{E_2 E_3}} & 0 \\ 对 & & \dfrac{1}{E_3} & 0 \\ & 称 & & \dfrac{1}{G_{12}} \end{bmatrix} \begin{bmatrix} d\sigma_1 \\ d\sigma_2 \\ d\sigma_3 \\ d\tau_{12} \end{bmatrix}
\tag{6.75}
$$

如果将本构关系矩阵求逆，则上式可写成

$$
\begin{bmatrix} d\sigma_1 \\ d\sigma_2 \\ d\sigma_3 \\ d\tau_{12} \end{bmatrix} = \frac{1}{\varphi} \begin{bmatrix} E_1(1-\mu_{32}^2) & \sqrt{E_1 E_2}(\mu_{13}\mu_{32}+\mu_{12}) & \sqrt{E_1 E_3}(\mu_{12}\mu_{32}+\mu_{12}) & 0 \\ & E_2(1-\mu_{13}^2) & \sqrt{E_1 E_3}(\mu_{12}\mu_{13}+\mu_{32}) & 0 \\ 对 & & E_3(1-\mu_{12}^2) & 0 \\ & 称 & & \varphi G_{12} \end{bmatrix} \begin{bmatrix} d\varepsilon_1 \\ d\varepsilon_2 \\ d\varepsilon_3 \\ d\gamma_{12} \end{bmatrix}
\tag{6.76}
$$

式中：

$$
\mu_{12} = \sqrt{\nu_{12}\nu_{21}}, \; \mu_{23} = \sqrt{\nu_{23}\nu_{32}}, \; \mu_{13} = \sqrt{\nu_{13}\nu_{31}}
$$
$$
\varphi = 1 - \mu_{12}^2 - \mu_{12}^2 - \mu_{12}^2 - 2\mu_{12}\mu_{23}\mu_{31}
$$
$$
G_{12} = \frac{1}{4\varphi}\left[E_1 + E_2 - 2\mu_{12}\sqrt{E_1 E_2} - (\sqrt{E_1}\mu_{23} + \sqrt{E_2}\mu_{31})^2 \right]
$$

E_1，E_2，E_3 只包含微裂缝受到限制的影响因素，而不包含泊松比影响的主应力方向的切线模量。

根据"等效单轴应变"模型的含义，其等效单轴应变增量表达式为

$$
d\varepsilon_{iu} = \frac{d\sigma_i}{E_i}
\tag{6.77}
$$

切线模量表达式为

$$
E_i = \frac{\partial \sigma_i}{\partial \varepsilon_{iu}}
\tag{6.78}
$$

Elwi 和 Murray[19] 于 1979 年在 Saenz 公式的基础上提出了适用于三轴受荷的等效单轴应力-应变关系的经验公式：

$$\sigma_i = \frac{E_0 \varepsilon_{iu}}{1 + \left(R + \dfrac{E_0}{E_s} - 2\right)\dfrac{\varepsilon_{iu}}{\varepsilon_{ic}} - (2R-1)\left(\dfrac{\varepsilon_{iu}}{\varepsilon_{ic}}\right)^2 + R\left(\dfrac{\varepsilon_{iu}}{\varepsilon_{ic}}\right)^3}$$

$$R = \frac{E_0 \left(\dfrac{\sigma_{ic}}{\sigma_{if}} - 1\right)}{E_s \left(\dfrac{\varepsilon_{if}}{\varepsilon \sigma_{ic}} - 1\right)^2} - \frac{\varepsilon_{ic}}{\varepsilon_{if}} \qquad (6.79)$$

将上式对等效单轴应变 ε_{iu} 求导，可得三轴受荷时的切线模量 E_i 的表达式

$$E_i = E_0 \frac{1 + (2R-1)\left(\dfrac{\varepsilon_{iu}}{\varepsilon_{ic}}\right)^2 - 2R\left(\dfrac{\varepsilon_{iu}}{\varepsilon_{ic}}\right)^3}{\left[1 + \left(R + \dfrac{E_0}{E_s} - 2\right)\dfrac{\varepsilon_{iu}}{\varepsilon_{ic}} - (2R-1)\left(\dfrac{\varepsilon_{iu}}{\varepsilon_{ic}}\right)^2 + R\left(\dfrac{\varepsilon_{iu}}{\varepsilon_{ic}}\right)^3\right]^2} \qquad (6.80)$$

对于双轴受拉、双轴受压的情况，泊松比取 $\nu = 0.2$，一轴受压一轴受拉的情况取 $\nu = 0.2 + 0.6\left(\dfrac{\sigma_2}{f'_c}\right)^4 + 0.4\left(\dfrac{\sigma_1}{f'_c}\right)^4$，混凝土强度 σ_{ic} 按前述混凝土的破坏准则取值。

3. 塑性断裂模型

该模型是由 Z. P. Bazant 和 S. S. Kim 于 1979 年提出的[20]。塑性断裂理论认为应变由三部分组成：一部分为弹性应变，另一部分为塑性滑移引起的塑性应变，还有一部分是由微裂缝开展引起的裂缝应变。

应力增量：

$$d\sigma_{ij} = d\sigma_{ij}^e + d\sigma_{ij}^p + d\sigma_{ij}^f \qquad (6.81)$$

式中，$d^e\sigma_{ij} = C_{ijkl} d\varepsilon_{kl}$，为全应变增量的弹性反应；

$d^p\sigma_{ij} = C_{ijkl} d\varepsilon_{kl}^p$，为塑性应变增量相应的松弛应力增量；

$d^f\sigma_{ij} = C_{ijkl} d\varepsilon_{kl}^f$，为断裂刚度退化相应的松弛应力增量。

应变增量：

$$d\varepsilon_{ij} = d\varepsilon_{ij}^e + d\varepsilon_{ij}^p + d\varepsilon_{ij}^f = d\varepsilon_{ij}^e + d\varepsilon_{ij}^{pf} \qquad (6.82)$$

塑性应变按经典的塑性理论通过加载面在主应力空间求解，裂缝应变通过应变空间的势函数处理。在应变空间，松弛面加载方程为

$$F(\varepsilon_{ij}, \varepsilon_{ij}^p, w^{pf}) = 0 \qquad (6.83)$$

加载准则：

$$F = 0, \quad \frac{\partial F}{\partial \varepsilon_{ij}} d\varepsilon_{ij} < 0, \quad d\sigma_{ij}^{pf} = 0 \quad \text{卸载}$$

$$F = 0, \quad \frac{\partial F}{\partial \varepsilon_{ij}} d\varepsilon_{ij} = 0, \quad d\sigma_{ij}^{pf} = 0 \quad \text{中性变载}$$

$$F = 0, \quad \frac{\partial F}{\partial \varepsilon_{ij}}\mathrm{d}\varepsilon_{ij} > 0, \quad \mathrm{d}\sigma_{ij}^{\mathrm{pf}} \neq 0 \quad 加载$$

经过复杂的推导，得到混凝土塑性断裂模型的本构关系为

$$\mathrm{d}\sigma_{ij} = \left[C_{ijkl} - \frac{1}{h} \frac{\partial G}{\partial \varepsilon_{ij}} \frac{\partial F}{\partial \varepsilon_{kl}} \right]\mathrm{d}\varepsilon_{kl} \tag{6.84}$$

$$h = -\left[\frac{\partial F}{\partial \varepsilon_{ij}^{\mathrm{pf}}} C_{ijkl}^{-1} T_{mnkl}^{\mathrm{p}} \frac{\partial G}{\partial \varepsilon_{kl}} + \frac{\partial F}{\partial W^{\mathrm{pf}}}\varepsilon_{mn}^{\mathrm{e}} \left(T_{mnkl}^{\mathrm{p}} + \frac{1}{2} T_{mnkl}^{\mathrm{f}} \right) \frac{\partial G}{\partial \varepsilon_{kl}} \right]$$

塑性断裂模型是一种功能较强的模型，它把适用于硬化的增量塑性理论和适用于软化的弹性断裂理论结合起来，使其能模拟混凝土在受荷后的多种性能，如混凝土的塑性变形、应变软化、卸载刚度退化等。该模型还可推广用于模拟混凝土在循环加载下的滞回性能，但该模型过于复杂，许多参数难以确定，应用起来很不便。

4. 内时模型

内时理论最初是由 Valanis 于 1971 年作为一种粘弹性塑性理论提出来的，并且其第一个指出了这个理论在模拟加载卸载不可逆时的有效性。最早提出综合内时本构方程并在混凝土中首先应用的是 Z. P. Bazant 和 P. D. Bhat[21]，并于 1980 年对该模型进行了改进[22]，在模型中引进了加载面和跳跃随动硬化概念，弥补了原模型的缺陷。

本构方程用增量形式表示为

$$\{\mathrm{d}\sigma_{ij} + \mathrm{d}\sigma_{ij}^{n}\} = [D]\mathrm{d}\{\varepsilon_{ij}\} \tag{6.85}$$

$$[D] = \begin{bmatrix} D_1 & D_2 & D_3 & 0 & 0 & 0 \\ D_2 & D_1 & D_2 & 0 & 0 & 0 \\ D_2 & D_2 & D_1 & 0 & 0 & 0 \\ 0 & 0 & 0 & D_3 & 0 & 0 \\ 0 & 0 & 0 & 0 & D_3 & 0 \\ 0 & 0 & 0 & 0 & 0 & D_3 \end{bmatrix} \tag{6.86}$$

式中，$D_1 = \left(k + \frac{4}{3}G\right)$，$D_2 = \left(k - \frac{2}{3}G\right)$，$D_3 = 2G$。

体积应变增量也可以表示为弹性部分和塑性部分之和，即

$$\mathrm{d}\varepsilon_{ij} = \mathrm{d}\varepsilon_{ij}^{\mathrm{pl}} + \mathrm{d}\varepsilon^{n} = \mathrm{d}\varepsilon_{ij}^{\mathrm{pl}} + \mathrm{d}\lambda + \mathrm{d}\lambda' + \mathrm{d}\lambda'' = \frac{\mathrm{d}\sigma}{3K} + \frac{\sigma}{3K}\frac{\mathrm{d}t}{\tau_1} + \mathrm{d}\varepsilon_0 \tag{6.87}$$

加载函数为

$$f(\sigma_{ij}, \varepsilon_{ij}, \xi) = \frac{F(\sigma_{ij}, \varepsilon_{ij})}{f(\eta)} \tag{6.88}$$

式中，$F(\sigma_{ij}, \varepsilon_{ij})$ 是软化函数，它们与应力不变量、应变不变量和 ξ 有关，需根

据试验资料用经验方法选择。$f(\eta)$ 是硬化函数，$\mathrm{d}\lambda$ 是非弹性体积膨胀的函数。

5. 边界面模型

E. S. Chen 和 O. Buyukozturk 于 1985 年提出了混凝土边界面模型是一种功能较强的模型，可以用于混凝土三向受力的情况。该模型可以模拟混凝土受力后的各种特性，如混凝土的非线性应力-应变关系，循环荷载作用下的刚度退化现象，剪力引起的混凝土的压缩和膨胀现象和超过强度极限的应变软化现象等，且这种模型的最大优点是表达形式简单，模型参数比较容易确定，便于应用。基于混凝土在压、弯、剪、扭复合力作用下的情况，需要对这种结构在各种荷载情况下的内力变形状况和破坏性状进行较为精确的分析，此处将采用边界面模型对混凝土复合受力性能进行非线性分析。

边界面模型最早用来模拟金属、土等材料在循环荷载作用下的性能，E. S. Chen等研究者[23,24]将这一模型修改后用来模拟单调多向加载和多向循环加载的混凝土的性能。采用损伤概念来反映混凝土连续性刚度退化现象和非线性性能，把材料参数与混凝土的一些物理现象组合在一起，使得这种模型应用于混凝土三向循环受压时与试验结果的一致性和计算上的困难得以解决。

边界面模型认为在荷载作用下，混凝土经历的是一个不断损伤的过程，该模型正应力空间采用另一个与材料损伤有关的边界面，所有可能的应力点都包括在此边界面内，且此边界面的大小随着材料损伤的增加而不断减小，混凝土在某一应力状态下的特性如材料的强度和模量都与这一边界面有关，应力点达到次边界面即达到了材料的强度，某一应力状态下材料的模量与从该点沿应力偏量方向到边界面的距离有关，材料的模量随该距离的减小而逐渐减小。

（1）损伤参数和边界面方程的确定

损伤参数 K 的增量 $\mathrm{d}K$ 的计算公式为

$$\mathrm{d}K = \frac{\mathrm{d}\gamma_0^\mathrm{p}}{F_1(I_1,\theta)} \tag{6.89}$$

① 对于上升段部分：

$$\mathrm{d}K = \frac{R\mathrm{d}D}{H^\mathrm{p}F_1(I_1,\theta)} \tag{6.90}$$

② 对于下降段部分：

$$\mathrm{d}K = \frac{\mathrm{d}\gamma_0^\mathrm{p}}{F_1(I_1,\theta)} \tag{6.91}$$

以上式中，γ_0^p——塑性八面体剪应力；

$\quad\quad\quad R,D$——定义见图 6.3；

$\quad\quad\quad H^\mathrm{p}$——塑性剪切模量。

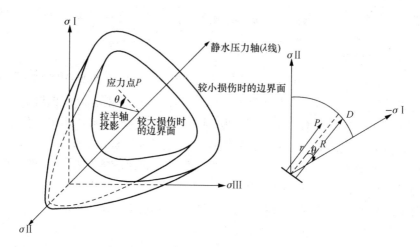

图 6.3 边界面模型及参数

对于偏量加载：

$$F_1 = 0.23 \frac{(I_1 + 0.3)^2}{F_2}, \quad I_1 \leqslant 3.18 \tag{6.92}$$

$$F_1 = 1.60 \frac{(I_1 - 1.44)^2}{F_2}, \quad I_1 > 3.18 \tag{6.93}$$

对于偏量卸载：

$$F_1 = 1.4 \frac{F_{1,\max}}{F_2} \left(0.85 - \frac{I_1 + 0.3}{I_{1,\max} + 0.3} \right) \tag{6.94}$$

$$F_2 = (12 + 11\cos 3\theta)^{\frac{1}{6}} \tag{6.95}$$

式中，I_1，$I_{1,\max}$——第一应力不变量及其最大值；

$\quad\quad F_{1,\max}$——函数 $F(I_1, \theta)$ 的最大值。

$$\cos 3\theta = \frac{-3\sqrt{3}J_3}{2J^{\frac{3}{2}}}$$

式中，J_2，J_3——应力偏量的第二、第三不变量。

边界面方程为

$$F(\sigma_{ij}, K_{\max}) = \frac{1.85(\sqrt{J_2} + 0.378J_2)(12 + 11\cos 3\theta)^{\frac{1}{6}}}{I_1 + 0.3} - \frac{40}{K_{\max}^2 + 39} = 0 \tag{6.96}$$

(2) 应力-应变关系的推导

把应变增量分解为应变偏量增量和体积应变增量两部分：

$$\mathrm{d}\varepsilon_{ij} = \mathrm{d}e_{ij} + \delta_{ij} \frac{\mathrm{d}\varepsilon_{kk}}{3} \tag{6.97}$$

应变偏量增量又可分为弹性部分和塑性部分之和：

$$\mathrm{d}e_{ij} = \mathrm{d}e_{ij}^{\mathrm{e}} + \mathrm{d}e_{ij}^{\mathrm{p}} \tag{6.98}$$

而根据虎克定律，有

$$\mathrm{d}e_{ij}^{\mathrm{e}} = \frac{1}{2G}\mathrm{d}S_{ij} \tag{6.99}$$

式中，G——初始剪切模量；

S_{ij}，$\mathrm{d}S_{ij}$——应力偏量及其增量。

假定塑性应变偏量的增量与体积变化无关，且它在 π 平面上的投影与应力偏量方向一致，则

$$\frac{\mathrm{d}e_{ij}^{\mathrm{p}}}{S_{ij}} = \frac{\mathrm{d}\gamma_0^{\mathrm{p}}}{\tau_0} \tag{6.100}$$

假定材料增量是线性的，则

$$\mathrm{d}\gamma_0^{\mathrm{p}} = \frac{\mathrm{d}\tau_0}{H^{\mathrm{p}}} \tag{6.101}$$

式中，τ_0，$\mathrm{d}\tau_0$——八面体剪应力及其增量；

H^{p} 含义同前。

由于边界面模型考虑了剪力引起的混凝土的体积改变，而体积应变增量 $\mathrm{d}\varepsilon_{kk}$ 包括由静水压力引起的体积应变增量 $\mathrm{d}\varepsilon_{kk,0}$ 和由剪力引起的体积应变增量 $\mathrm{d}\varepsilon_{kk,d}$，所以

$$\mathrm{d}\varepsilon_{kk} = \mathrm{d}\varepsilon_{kk,0} + \mathrm{d}\varepsilon_{kk,d} \tag{6.102}$$

$$\mathrm{d}\varepsilon_{kk,0} = \frac{\mathrm{d}\sigma_{kk,0}}{3K_{\mathrm{t}}} \tag{6.103}$$

$$\mathrm{d}\varepsilon_{kk,d} = \beta\mathrm{d}\gamma_0^{\mathrm{p}} \tag{6.104}$$

式中，K_{t}——切线体积模量；

β——剪切体积压缩膨胀系数。

且有

$$\mathrm{d}S_{ij} = \mathrm{d}\sigma_{ij} - \delta_{ij}\frac{\mathrm{d}\sigma_{kk}}{3} \tag{6.105}$$

$$\mathrm{d}\tau_0 = \frac{\partial\tau_0}{\partial\sigma_{kn}}\mathrm{d}\sigma_{kn} = \frac{S_{kn}}{3\tau_0}\mathrm{d}\sigma_{kn} \tag{6.106}$$

整理后可得混凝土的应力-应变关系为

$$\mathrm{d}\varepsilon_{ij} = \frac{\mathrm{d}\sigma_{ij}}{2G} + \frac{1}{3H^{\mathrm{p}}\tau_0}\left(\frac{S_{ij}}{\tau_0} + \delta_{ij}\frac{\beta}{3}\right)S_{kn}\mathrm{d}\sigma_{kn} + \delta_{ij}\left(\frac{1}{9K_{\mathrm{t}}} - \frac{1}{6G}\right)\mathrm{d}\sigma_{kk} \quad (k,m=1,2,3) \tag{6.107}$$

上式给出的是一柔度矩阵，而且由于剪切体积压缩-膨胀系数 β 的存在，这个柔度矩阵为非对称，当需要采用刚度矩阵时可通过对柔度矩阵求逆得到。

（3）模型参数的确定

从式（6.107）可以看出模型中有四个参数[25,26]：G，K_t，H^p，β。

将边界面模型用于钢筋混凝土双向压弯剪扭复合受力构件的研究中，其混凝土的本构关系中参数的确定如下。

1）G、K_t。

在上升段时，按 GB 50010—2010 中的公式 $E_c = \dfrac{10^5}{2.2 + \dfrac{23.25}{f_c}}$ 可得 G。

$$K_t = \frac{100}{(1.0 + 0.0.358 I_1^{1.5})(2.2 f_c + 23.25)}, \quad \text{静水加载} \tag{6.108}$$

$$K_t = \frac{10}{(2.2 f_c + 23.25)}, \quad \text{静水卸载} \tag{6.109}$$

在下降段时：

$$G = 8 \tag{6.110}$$

$$K_t = \frac{1}{(2.2 f_c + 23.25)} \tag{6.111}$$

2）塑性剪切模量 H^p。

$$H^p = \frac{R}{F_1(I_1, \theta)} \frac{2.4(1-D)^{0.89 D^2}}{(1 + 0.7 K_{\max}^2) A_l}, \quad \text{偏量加载} \tag{6.112}$$

$$A_l = 1.02 - 0.81 K_R / K_{\max}, \quad K < K_{\max}$$

$$A_l = 1, \quad K = K_{\max} \tag{6.113}$$

$$H^p = \frac{R}{F_1(I_1, \theta)} \frac{2.4}{(1 + 0.7 K_{\max}^2) A_u}, \quad \text{偏量卸载} \tag{6.114}$$

$$A_u = 0, \quad K < 0.2 K_{\max}$$

$$A_u = \frac{K_u - 0.2 K_{\max}}{0.8 K_{\max}} 1, \quad K \geqslant 0.2 K_{\max} \tag{6.115}$$

式中，K_l——本次加载开始时的 K 值；

K_u——本次卸载开始时的 K 值。

函数 $F_1(I_1, \theta)$：

偏量加载

$$F_1 = 0.23 \frac{(I_1 + 0.3)^2}{F_2}, \quad I_1 \leqslant 3.18$$

$$F_1 = 1.6 \frac{(I_1 - 1.44)^2}{F_2}, \quad I_1 > 3.18$$

偏量卸载

$$F_1 = 0.23 \frac{(I_{1,\max} - I_1 + 0.3)^2}{F_2}, \quad I_{1,\max} - I_1 \leqslant 3.18$$

$$F_1 = 1.6 \frac{(I_{1,\max} - I_1 - 1.44)^2}{F_2}, \quad I_{1,\max} - I_1 > 3.18$$

3）剪切体积压缩-膨胀系数 β。

$$\beta = \beta_1 + \beta_2 \tag{6.116}$$

$$\beta_1 = 1.1\exp[-30(k_{\max} - 0.6)^2], \quad k = k_{\max} \tag{6.117}$$

$$\beta_1 = 0, \quad k < k_{\max} \tag{6.118}$$

$$\beta_2 = -1.97\lambda\exp(-2\lambda^2), \quad \lambda = D - 0.2k_{\max}^2 \tag{6.119}$$

（4）改进后的混凝土本构关系模型

本节采用的混凝土本构关系模型用张量的形式表示为

$$\mathrm{d}\varepsilon_{ij} = \frac{\mathrm{d}\sigma_{ij}}{2G} + \frac{1}{3H^\mathrm{p}\tau_0}\Big(\frac{S_{ij}}{\tau_0} + \delta_{ij}\frac{\beta}{3}\Big)S_{kn}\mathrm{d}\sigma_{kn} + \delta_{ij}\Big(\frac{1}{9K_\mathrm{t}} - \frac{1}{6G}\Big)\mathrm{d}\sigma_{kk} \quad (k,m = 1,2,3) \tag{6.120}$$

或

$$\{\mathrm{d}\varepsilon\} = [C]\{\mathrm{d}\sigma\} \tag{6.121}$$

式中

$$[C] = \begin{bmatrix} C_{11} & C_{12} & C_{13} & C_{14} & C_{15} & C_{16} \\ C_{21} & C_{22} & C_{23} & C_{24} & C_{25} & C_{26} \\ C_{31} & C_{32} & C_{33} & C_{34} & C_{35} & C_{36} \\ C_{41} & C_{42} & C_{43} & C_{44} & C_{45} & C_{46} \\ C_{51} & C_{52} & C_{53} & C_{54} & C_{55} & C_{56} \\ C_{61} & C_{62} & C_{63} & C_{64} & C_{65} & C_{66} \end{bmatrix}$$

各元素计算如下：

$$C_{11} = \frac{1}{9k_\mathrm{t}} + \frac{1}{3G} + \frac{1}{3H^\mathrm{p}\tau_0}\Big(\frac{S_x}{\tau_0} + \frac{\beta}{3}\Big)S_x$$

$$C_{12} = \frac{1}{9k_\mathrm{t}} - \frac{1}{6G} + \frac{1}{3H^\mathrm{p}\tau_0}\Big(\frac{S_x}{\tau_0} + \frac{\beta}{3}\Big)S_y$$

$$C_{13} = \frac{1}{9k_\mathrm{t}} - \frac{1}{6G} + \frac{1}{3H^\mathrm{p}\tau_0}\Big(\frac{S_x}{\tau_0} + \frac{\beta}{3}\Big)S_z$$

$$C_{14} = \frac{2}{3H^\mathrm{p}\tau_0}\Big(\frac{S_x}{\tau_0} + \frac{\beta}{3}\Big)\tau_{xy}$$

$$C_{15} = \frac{2}{3H^\mathrm{p}\tau_0}\Big(\frac{S_x}{\tau_0} + \frac{\beta}{3}\Big)\tau_{yz}$$

$$C_{16} = \frac{2}{3H^\mathrm{p}\tau_0}\Big(\frac{S_x}{\tau_0} + \frac{\beta}{3}\Big)\tau_{zx}$$

$$C_{21} = \frac{1}{9k_\mathrm{t}} - \frac{1}{6G} + \frac{1}{3H^\mathrm{p}\tau_0}\Big(\frac{S_y}{\tau_0} + \frac{\beta}{3}\Big)S_x$$

$$C_{22} = \frac{1}{9k_t} + \frac{1}{3G} + \frac{1}{3H^p\tau_0}\left(\frac{S_y}{\tau_0} + \frac{\beta}{3}\right)S_y$$

$$C_{23} = \frac{1}{9k_t} - \frac{1}{6G} + \frac{1}{3H^p\tau_0}\left(\frac{S_y}{\tau_0} + \frac{\beta}{3}\right)S_z$$

$$C_{24} = \frac{2}{3H^p\tau_0}\left(\frac{S_x}{\tau_0} + \frac{\beta}{3}\right)\tau_{xy}$$

$$C_{25} = \frac{2}{3H^p\tau_0}\left(\frac{S_x}{\tau_0} + \frac{\beta}{3}\right)\tau_{yz}$$

$$C_{26} = \frac{2}{3H^p\tau_0}\left(\frac{S_x}{\tau_0} + \frac{\beta}{3}\right)\tau_{zx}$$

$$C_{31} = \frac{1}{9k_t} - \frac{1}{6G} + \frac{1}{3H^p\tau_0}\left(\frac{S_z}{\tau_0} + \frac{\beta}{3}\right)S_x$$

$$C_{32} = \frac{1}{9k_t} - \frac{1}{6G} + \frac{1}{3H^p\tau_0}\left(\frac{S_z}{\tau_0} + \frac{\beta}{3}\right)S_y$$

$$C_{33} = \frac{1}{9k_t} + \frac{1}{3G} + \frac{1}{3H^p\tau_0}\left(\frac{S_z}{\tau_0} + \frac{\beta}{3}\right)S_z$$

$$C_{34} = \frac{2}{3H^p\tau_0}\left(\frac{S_z}{\tau_0} + \frac{\beta}{3}\right)\tau_{xy}$$

$$C_{35} = \frac{2}{3H^p\tau_0}\left(\frac{S_z}{\tau_0} + \frac{\beta}{3}\right)\tau_{yz}$$

$$C_{36} = \frac{2}{3H^p\tau_0}\left(\frac{S_z}{\tau_0} + \frac{\beta}{3}\right)\tau_{zx}$$

$$C_{41} = \frac{2}{3H^p\tau_0}\left(\frac{\tau_{xy}}{\tau_0}\right)S_x$$

$$C_{42} = \frac{2}{3H^p\tau_0}\left(\frac{\tau_{xy}}{\tau_0}\right)S_y$$

$$C_{43} = \frac{2}{3H^p\tau_0}\left(\frac{\tau_{xy}}{\tau_0}\right)S_z$$

$$C_{44} = \frac{1}{G} + \frac{4}{3H^p\tau_0}\left(\frac{\tau_{xy}}{\tau_0}\right)\tau_{xy}$$

$$C_{45} = \frac{4}{3H^p\tau_0}\left(\frac{\tau_{xy}}{\tau_0}\right)\tau_{yz}$$

$$C_{46} = \frac{4}{3H^p\tau_0}\left(\frac{\tau_{xy}}{\tau_0}\right)\tau_{zx}$$

$$C_{51} = \frac{2}{3H^p\tau_0}\left(\frac{\tau_{yz}}{\tau_0}\right)S_x$$

$$C_{52} = \frac{2}{3H^p\tau_0}\left(\frac{\tau_{yz}}{\tau_0}\right)S_y$$

$$C_{53} = \frac{2}{3H^{\mathrm{p}}\tau_0}\left(\frac{\tau_{yz}}{\tau_0}\right)S_z$$

$$C_{54} = \frac{4}{3H^{\mathrm{p}}\tau_0}\left(\frac{\tau_{yz}}{\tau_0}\right)\tau_{xy}$$

$$C_{55} = \frac{1}{G} + \frac{4}{3H^{\mathrm{p}}\tau_0}\left(\frac{\tau_{yz}}{\tau_0}\right)\tau_{yz}$$

$$C_{56} = \frac{4}{3H^{\mathrm{p}}\tau_0}\left(\frac{\tau_{yz}}{\tau_0}\right)\tau_{zx}$$

$$C_{61} = \frac{2}{3H^{\mathrm{p}}\tau_0}\left(\frac{\tau_{zx}}{\tau_0}\right)S_x$$

$$C_{62} = \frac{2}{3H^{\mathrm{p}}\tau_0}\left(\frac{\tau_{zx}}{\tau_0}\right)S_y$$

$$C_{63} = \frac{2}{3H^{\mathrm{p}}\tau_0}\left(\frac{\tau_{zx}}{\tau_0}\right)S_z$$

$$C_{64} = \frac{4}{3H^{\mathrm{p}}\tau_0}\left(\frac{\tau_{zx}}{\tau_0}\right)\tau_{xy}$$

$$C_{65} = \frac{4}{3H^{\mathrm{p}}\tau_0}\left(\frac{\tau_{zx}}{\tau_0}\right)\tau_{yz}$$

$$C_{66} = \frac{1}{G} + \frac{4}{3H^{\mathrm{p}}\tau_0}\left(\frac{\tau_{zx}}{\tau_0}\right)\tau_{zx}$$

（5）应力-应变本构关系的计算

根据边界面模型应力-应变本构关系，只要给出混凝土的轴压强度 f_c 和峰值点处的应变 ε_0，即可计算出各个点处的应力分量增量和对应的应变分量增量，累加得到混凝土的应力-应变关系曲线。计算框图见图 6.4。

在程序中，需要计算与当前应力点相应的 r，R，D，其含义见图 6.3。其中，r 为 π 平面上当前应力点到 λ 线的距离，R 为 π 平面上当前应力点到静水压力原点的偏量 s_{ij} 方向从 λ 线到边界面的距离，D 为标准化的当前应力点到 λ 线的距离，即 r 与 R 之比。

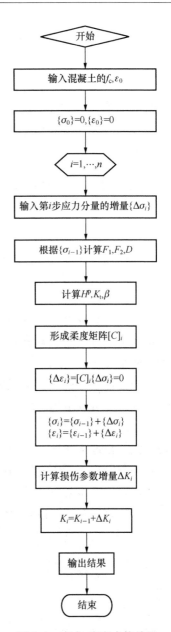

图 6.4　应力-应变本构关系
计算框图

6.4　非线性问题的求解

结构物有限元分析的任务是对于给定几何外形尺寸、材料特性、边界条件和荷载的结构物，求解出结构物的位移和应力。对于钢筋混凝土结构，由于混凝土开裂和非线性应力应变关系引起的非线性特征，在有限元方法的分类中属于材料非线性问题。本节将介绍材料非线性有限元方程的解法问题。

6.4.1　非线性方程组的解法

1. *增量法*[27]

在非线性解法方面，许多研究者提出了不少方法，其中常用的有增量法和迭代法。增量法实质上是微分方程的常用数值方法。平衡方程的增量形式为

$$[K]\{d\delta\} = \{dP\} \tag{6.122}$$

这是一个一阶微分方程。采用欧拉折线法、龙格-库塔法等求解一阶微分方程初值问题的常用方法都是有效的。应用于钢筋混凝土分析中，实际又有若干变化，其中主要是如何修正刚度矩阵 $[K]$ 的问题。

采用增量法分析非线性问题时，是把荷载划分为许多荷载增量，这些增量可以相等，也可以不等，每次施加一个荷载增量。在每一步计算中，假定刚度矩阵 $[K]$ 是常数，方程是线性的。在不同的荷载增量中，刚度矩阵可以具有不同的数值。在每步施加一个荷载增量 ΔP，得到一个位移增量 $\Delta\delta$，累积后得到位移 δ。可以认为，增量法是用一系列线性问题去近似非线性问题，实质上是用分段线性去代替非线性曲线。

对于荷载来说，把荷载划分为 m 个增量，故总荷载为各增量的总和，即

$$\{p\} = \sum_{j=i}^{m} \{\Delta P_j\} \tag{6.123}$$

施加了第 j 个荷载增量以后的荷载为

$$\{p_i\} = \sum_{j=i}^{j} \{\Delta P_j\} \tag{6.124}$$

每一个荷载增量都产生一个位移增量 $\{\Delta\delta_j\}$ 和应力增量 $\{\Delta\sigma_j\}$。在施加第 j 个荷载增量后，位移和应力分别为

$$\{\delta_i\} = \sum_{j=i}^{j} \{\Delta\delta_j\} \tag{6.125}$$

$$\{\sigma_i\} = \sum_{j=i}^{j} \{\Delta\sigma_j\} \tag{6.126}$$

由荷载增量$\{\Delta P_i\}$计算位移增量$\{\Delta \delta_j\}$有几种不同的方法。

（1）欧拉折线法（始点刚度法）

假设第 $i-1$ 步末的应力$\{\sigma_{i-1}\}$已求出，根据$\{\sigma_{i-1}\}$及应力-应变关系，可以确定第 $i-1$ 步末的弹性矩阵$[D_{i-1}]$，从而可以计算出第 $i-1$ 步末的刚度矩阵$[K_{i-1}]$。然后假定在第 i 步内刚度矩阵保持不变并近似等于$[K_{i-1}]$，于是由下列方程可计算第 i 步的位移增量$\{\Delta \delta_i\}$，即

$$[K_{i-1}][\Delta \delta_i] = \{\Delta P_i\} \quad (i = 1,2,3,\cdots,m) \tag{6.127}$$

式中，刚度矩阵$[K_{i-1}]$是第 $i-1$ 步末的位移 δ_{i-1} 的函数，可表示为

$$[K_{i-1}] = [K_{i-1}(\{\delta_{i-1}\})] \tag{6.128}$$

至于初始刚度矩阵$[K_0]$，则是根据应力-应变关系曲线在开始加荷时计算的。始点刚度法实质上就是求解一阶微分方程初值问题的欧拉折线法。

（2）修正欧拉折线法（中点刚度法）

始点刚度法简单，但是计算精度较低。为提高精度，在每个计算步中采用中点刚度而不是始点刚度，于是便有了所谓中点刚度法。中点刚度法的具体步骤如下：

首先施加荷载增量的一半 $\frac{1}{2}\{\Delta P_i\}$，用第 $i-1$ 步末的刚度矩阵$[K_{i-1}]$，由下式计算临时的位移增量$\{\Delta \delta_{i-\frac{1}{2}}^*\}$，即

$$[K_{i-1}]\{\Delta \delta_{i-\frac{1}{2}}^*\} = \frac{1}{2}\{\Delta P_i\} \tag{6.129}$$

式中，星号表示是临时采用的量。由此得到位移

$$\{\delta_{i-\frac{1}{2}}^*\} = \{\Delta \delta_{i-1}\} + \{\Delta \delta_{i-\frac{1}{2}}^*\} \tag{6.130}$$

根据$\{\delta_{i-\frac{1}{2}}^*\}$求当前的应力水平，再根据应力-应变关系求得中点刚度矩阵$[K_{i-\frac{1}{2}}]$，由下式计算第 i 步的位移增量$\{\Delta \delta_i\}$，即

$$[K_{i-1}]\{\Delta \delta_i\} = \{\Delta P_i\} \tag{6.131}$$

（3）平均刚度法

另外还有一种平均刚度法，即先根据式（6.127）计算初步的$\{\Delta \delta^*\}$和$\{\delta^*\}$，再按此初步的位移$\{\delta^*\}$和应力应变关系计算第 i 步末的刚度矩阵$[K_i]$，由此可计算第 i 步的平均刚度矩阵$[\overline{K}_i]$：

$$[\overline{K}_i] = \frac{1}{2}([K_{i-1}] + [K_i]) \tag{6.132}$$

然后由下式可算出第 i 步的位移增量$\{\Delta \delta\}$，即

$$[K_{i-1}]\{\Delta \delta\} = \{\Delta P_i\} \tag{6.133}$$

平均刚度法与始点刚度法相比，精度有所提高，但是由式（6.130）可知，需增加机器的存储空间。由中点刚度法、始点刚度法及平均刚度法计算出的位

移分别为 δ_i、δ_i' 和 δ_i''，可以看出中点刚度法的计算结果精度较高。中点刚度法相当于微分方程数值解的龙格-库塔法。

2. 迭代法

常用的迭代法有三种：初始刚度法，割线刚度法，切线刚度法。对于给定的外部荷载，非线性分析的步骤如下：

1）上述三种方法在这一步骤中都取材料 σ-ε 曲线上原点 O 上的切线斜率计算单元刚度矩阵 $[K_0]^e$，由 $[K_0]^e$ 再拼装成总体刚度矩阵 $[K_0]$。在这一步骤采用的是初始刚度。其后，就可以对给定的荷载 $\{P\}$ 解出节点位移 $\{\delta\}^e$，即

$$\{\delta_1\}^e = [K_0]^{-1}\{P\} \tag{6.134}$$

接着，用下式可计算出单元应变，即

$$\{\varepsilon_1\}^e = [B]\{\delta_1\}^e \tag{6.135}$$

当然，也可以求出单元应力，即

$$\{\sigma_1\}^e = [D]\{\varepsilon_1\}^e \tag{6.136}$$

注意，在这里 $\{\sigma_1\}^e$ 不是真实的单元应力。在整个步骤 1）中，解法与线性问题没有区别。

2）由步骤 1）得到的每个单元的应变 $\{\varepsilon_1\}^e$、内在材料本构关系 σ-ε 曲线中对应有真实的应力 $\{\sigma_2\}^e$。由于 $\{\sigma_1\}^e$ 与 $\{\sigma_2\}^e$ 的差别，反映在荷载上就出现了不平衡力 $\{P_{12}\}$。对于上述三种迭代方法，不平衡力 $\{P_{12}\}$ 可以选择下列两种方法的一种求出。

① 先计算假设的应力 $\{\sigma_1\}^e$ 与实际应力 $\{\sigma_2\}^e$ 之间的差，即

$$\{\Delta\sigma_{12}\} = \{\sigma_1\}^e - \{\sigma_2\}^e \tag{6.137}$$

接着计算单元内的不平衡力 $\{\Delta P_{12}\}^e$，即

$$\{\Delta P_{12}\}^e = \int [B]^T\{\Delta\sigma_{12}\}^e dV \tag{6.138}$$

拼装各单元的不平衡力，即可得到结构的不平衡力 $\{\Delta P_{12}\}$。这种求不平衡力方法的缺点是数值计算误差出现累积。

② 在每个单元内，单元力 $\{P_2\}$ 被实际应力 $\{\sigma_2\}^e$ 所平衡，可用下式计算单元力，即

$$\{P_2\}^e = \int [B]^T\{\Delta\sigma_2\}^e dV \tag{6.139}$$

拼装这些单元力，就可以得到结构外力 $\{P_2\}$，随后就可以得到不平衡力 $\{\Delta P_{12}\}$，即

$$\{\Delta P_{12}\} = \{P_1\} - \{P_2\} \tag{6.140}$$

这种求不平衡力方法的优点是每次都要对外荷载进行平衡检查，便于在计

算过程中自身修正，可提高计算精度。

③ 求出不平衡力 $\{\Delta P_{12}\}$ 以后，用下式求相应的位移增量 $\{\Delta \delta_1\}$，即

$$\{\Delta \delta_1\} = [K_1]^{-1}\{\Delta P_{12}\} \tag{6.141}$$

④ 重复上述步骤，直到不平衡力或结点位移增量达到预先规定的精度，停止迭代。

3. 混合法

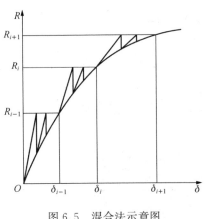

在钢筋混凝土结构的非线性分析中，混凝土单元发生开裂现象，引起荷载-位移曲线的变化，要求将荷载分成许多级，逐级加载，逐步达到全部施加荷载值。对于每一级荷载增量步，实施上面的各步骤，获得唯一应力和应变的增量，然后再添加到上一级荷载所达到的对应值上。所以，在实际计算中采用迭代法和增量法相结合的混合法，常能获得较好的精度，其计算方法如图 6.5 所示。

图 6.5　混合法示意图

6.4.2　收敛标准

在迭代法中，必须有一收敛标准来中止迭代的进行，常用的收敛标准有不平衡结点力和应力（位移）增量。本节取不平衡结点力为收敛标准，满足下列条件就认为收敛了：$\| P_{\mathrm{res}} \| \leqslant \alpha \| P \|$。式中，$\| P_{\mathrm{res}} \|$ 为残余结点力列阵的范数，本文取 $\| P_{\mathrm{res}} \|_2$；$\| P \|$ 为施加荷载（已化为结点荷载）的范数；α 为收敛允许值，一般取 $\alpha = 1\% \sim 3\%$。

6.4.3　计算步骤及程序编制

1. 计算步骤

1）输入原始数据，如结点数、单元数、材料性质等。考虑本文的加载过程，先作用轴力，再作用全部剪力，然后逐级施加扭转角。

2）假定全部单元应力和柱底下端的位移向量均为零，假定加载初始构件处于弹性阶段，以原点弹性力学的方法计算其初始轴力、剪力、弯矩作用下的初应变，按弹性方法假定一组初始扭转角。

3）计算当前应力，确定混凝土和钢筋的本构关系。

4）计算各种单元的刚度矩阵，并形成整体刚度矩阵。

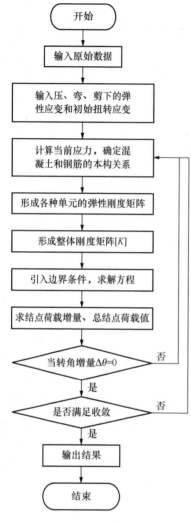

图 6.6 程序 NFEM＿CT 框图

5）引入边界条件，求解方程，修正应力、应变和总体位移。

6）求出结点荷载增量，总结点荷载值，以出现的应力状态来检验全部单元是否满足应力收敛条件。如果单元超过其破坏条件，则作为破坏单元处理，将释放的应力施加于结点，计算此时的单元刚度，直到满足收敛条件。在增荷阶段用 1 计入，即 $N＝N＋1$，继续增加扭转角。

7）如果收敛条件满足，并且没有新的单元破坏，则施加下一级扭转角，从 $N＝N＋1$ 开始，重复以上步骤，否则不加载，而以释放结点力作为不平衡荷载，重复以上步骤。

8）加荷至有足够多的单元破坏，使其总刚矩阵为奇异，中止计算，程序结束。

2．程序编制

本文采用位移控制的欧拉折线增量法求解非线性方程组，编制了有限元非线性分析程序 NFEM＿CT，计算过程见图 6.6。

6.5　有限元非线性分析结果

有限元计算的混凝土本构关系与已有试验资料的混凝土本构关系模型的解析解非常接近。

普通钢筋混凝土双向压、弯、剪构件在反复扭矩作用下的受扭行为用有限元分析所得结果与第 2 章典型试件的试验结果对比见图 6.7，可以看出，两者符合良好。

高强钢筋混凝土压、弯、剪构件在单调扭矩作用下受扭行为用有限元分析所得结果与第 4 章典型试件的试验结果对比见图 6.8，图 6.9 是对纵筋应变的有限元分析所得结果与第 4 章典型试件的试验结果对比，可以看出，两者之间符合良好。

高强钢筋混凝土压、弯、剪构件在反复扭矩作用下受扭行为用有限元分析所得结果与第 5 章典型试件的试验结果对比见图 6.10，可以看出，两者之间符合良好。

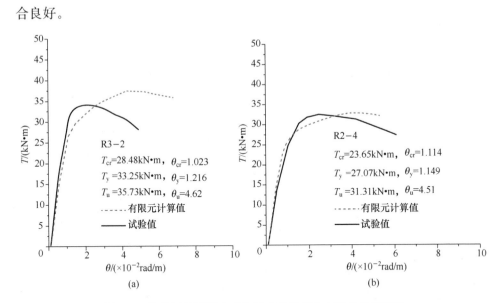

图 6.7　普通钢筋混凝土双向复合受扭行为有限元分析结果

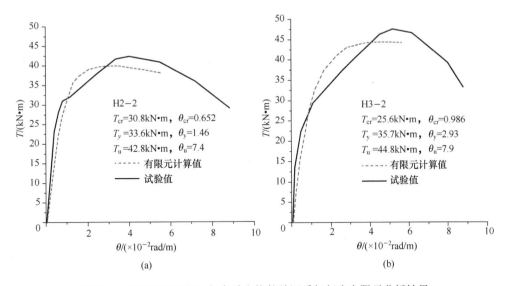

图 6.8　高强钢筋混凝土复合受力构件单调受扭行为有限元分析结果

对第 2 章、第 4 章及第 5 章的其他构件的受力变形、钢筋应变、混凝土应力应变等受力行为进行仿真计算，其结果与计算结果也吻合良好，在此不一一列出。

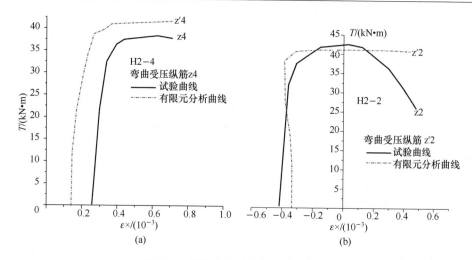

图 6.9　纵筋应变的有限元分析结果

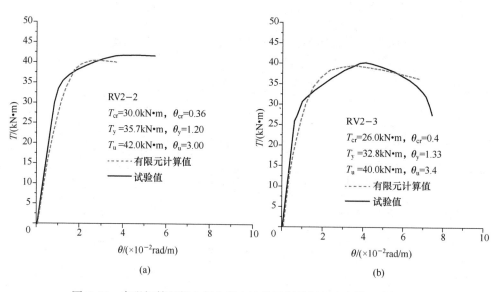

图 6.10　高强钢筋混凝土复合受力构件反复受扭行为有限元分析结果

6.6　小　　结

1）本章将有限元程序用于钢筋混凝土复合受力构件受力行为的计算。其受力状态可以是受压、受弯、受剪、受扭以及复合受力的不同组合，对于单一受力状态可以直接输入每一级的应变，对于复合受力依次输入每一级的应变增量；荷载可以是单调的，也可以是反复的；构件的截面形状可以多种多样。

2）混凝土边界面模型是一种功能较强的模型，可以用于混凝土三向受力的情况。该模型采用损伤概念来反映混凝土连续性刚度退化现象和非线性性能，把材料参数与混凝土的一些物理现象组合在一起，使得这种模型应用于混凝土三向循环受压时与试验结果的一致性和计算上的困难得以解决。该模型可以模拟混凝土受力后的各种特性，如混凝土的非线性应力-应变关系，荷载作用下的刚度退化现象，剪力引起的混凝土的压缩和膨胀现象，以及超过强度极限的应变软化现象等，且最大优点是表达形式简单，模型参数比较容易确定，便于应用。本文基于混凝土在压、弯、剪、扭复合受力作用下的情况，对这种结构在各种荷载情况下的受力行为和破坏性状进行了较为精确的分析，采用边界面模型对混凝土复合受力行为进行了非线性分析，得到了较为满意的结果。

3）对于研究普通和高强钢筋混凝土复合受扭构件的受力行为，箍筋采用埋藏式模型模拟，钢筋的位移与所在单元的位移相容，计算结果与试验结果比较，开裂前能很好地反映箍筋和混凝土的应力状态，开裂后内力重分布明显，箍筋随之屈服，屈服荷载与极限荷载接近。

4）有限元计算的混凝土的本构关系与已有试验资料的混凝土本构关系模型的解析解非常接近。

5）普通钢筋混凝土双向压、弯、剪构件在反复扭矩作用下的受扭行为用有限元分析所得结果与第 2 章典型试件的试验结果符合良好。

6）高强钢筋混凝土压、弯、剪构件在单调扭矩作用下的受扭行为、纵筋应变用有限元分析所得的结果与第 4 章典型试件的试验结果对比，两者之间符合良好。

7）高强钢筋混凝土压、弯、剪构件在反复扭矩作用下受扭行为用有限元分析所得结果与第 5 章典型试件的试验结果对比，两者符合良好。

8）对第 2 章、第 4 章及第 5 章其他构件的受力变形、钢筋应变、混凝土应力应变等受力行为进行仿真计算，其结果与计算结果吻合良好。

参 考 文 献

[1] 朱伯芳. 有限单元法原理与应用 [M]. 北京：水利电力出版社，1979.

[2] 江见鲸. 钢筋混凝土结构非线性有限元分析 [M]. 西安：陕西科学技术出版社，1994.

[3] Bresler B，Pister K S. Strength of Concrete under Combined Stress [J]. Journal Proceedings，1958，55（9）：321-345.

[4] Willam K J，Warnke E P. Constitutive Models for the Triaxial Behavior of Concrete [R]. IABSE Proceeding，Structural Engineering Report 19，Section Ⅲ，1975.

[5] Ottosen N S A. Failure Criterion for Concrete [J]. Journal of Engineering Mechanics，1977，103（4）：527-535.

[6] Hsieh S S，Ting E C，Chen W F. An Elastic-Fracture Model for Concrete [C]. Proc. 3d Eng. Mech.

Div. Spec. Conf. ASCE, Austin, Tex., 1979.

[7] 过镇海，王传志，张秀琴，等. 混凝土的多轴强度试验和破坏准则研究 [M]. 北京：清华大学出版社，1996.

[8] 俞茂宏. 双剪应力强度理论研究 [M]. 西安：西安交通大学出版社，1988.

[9] 董毓利. 混凝土非线性力学 [M]. 北京：中国建筑工业出版社，1997.

[10] W F Chen. Plasticity in Reinforced Concrete [M]. New York：McGrew-Hill，1982.

[11] L Cedolin, et al. Triaxial Stress-Strain Relationship for Concrete [J]. Journal of the Engineering Mechanics Division，1977，103（3）：423-439.

[12] Kupfer H，Gerstle K H. Behavior of Concrete under Biaxial Stresses [J]. Journal of the Engineering Mechanics Division，1973，99（4）：853-866.

[13] Ottosen N S. Constitutive Model for Short Time Loading of Concrete [J]. Journal of the Engineering Mechanics Division，1980（106）：1441-1443.

[14] Comite Euro-International du Beton. Concrete under Multaxial States of Stress Constitutive Equations for Practical Design [R]. Bulletin D'information No.156，Paris，1983.

[15] 过镇海. 钢筋混凝土原理 [M]. 北京：清华大学出版社，1999.

[16] Liu T C Y，Nilson A H，Slate F O. Biaxial Stress-Strain Relations for Concrete [J]. Journal of the Structural Division，1972，98（5）：1025-1034.

[17] Darwin D. Nonlinear Biaxial Stress-Strain Law for Concrete [J]. Journal of the Engineering Mechanics Division，1977，103（2）：229-241.

[18] Darwin D，Pecknold D A. Analysis of RC Shear Panels under Cyclic Loading [J]. Journal of Structural Division，1976，102（2）：355-369.

[19] Elwi A A，Murray D W. A 3D Hypoelastic Concrete Constitutive Relationship [J]. Journal of the Engineering Mechanics Division，1979，105（4）：623-641.

[20] Z P Bazant，S S Kim. Plastic-Fracturing Theory of Concrete [J]. J. of the E M D，1979，105（3）：407-428.

[21] Z P Bazant，D P Bhat. Endochronic Theory of Inelasticity and Failure of Concrete [J]. J. of the E M D，1976，102（4）：701-722.

[22] Z P Bazant，C L Shieh. Endochronic Model for Nonlinear Triaxial Behavior of Concrete [J]. Nuclear Engineering and Design，1978，47（2）：305-315.

[23] E S Chen，O Buyukozturk. Constitutive Model for Concrete in Cyclic Compression [J]. Journal of Engineering Mechanics，ASCE，1985，111（6）：797-814.

[24] T Pagnoni，J Slater，R Ameur-Moussa. A Nonlinear Three-Dimensional Analysis of Reinforced Concrete Based on a Bounding Surface Model [J]. Computer & Structure，1992，43（1）：1-12.

[25] 屠永清. 钢管混凝土压弯构件恢复力特性的研究 [D]. 哈尔滨：哈尔滨建筑大学，1994.

[26] 查晓雄. 钢管初应力对钢管混凝土压弯构件工作性能影响的理论分析和试验研究 [D]. 哈尔滨：哈尔滨建筑大学，1996.

[27] 董哲仁. 钢筋混凝土非线性有限元法原理与应用 [M]. 北京：中国水利水电出版社，2002.

第7章 基于薄膜元理论的复合受扭全过程分析

7.1 概 述

近年来，国内外学者对钢筋混凝土构件的受扭性能进行了大量的试验和理论研究，对构件的抗扭性能进行了探讨，提出了不少基于空间变角桁架理论、斜弯破坏理论的复合受力的相关方程和抗扭承载力方程[1-4]。但他们较多着重于研究受扭构件在极限状态的强度问题，而对构件受力后的内力与变形关系研究得不是很多。由于钢筋混凝土受扭构件在荷载作用下实际上属于非弹性的空间受力状态，尤其在开裂后发生内力重分布，其内力与变形的关系更为复杂，考虑构件受力后变形协调条件和材料非线性特性的全过程的分析，有助于了解构件在整个受力状态下的内力与变形的特性，从而帮助我们加深对构件受力后工作机理的认识，改进试验研究方法和推动理论研究。

从 Nielson（1967）、Lampert、Thürlimann（1968）和 Elfgren（1972）的"塑性平衡桁架模型"导出三个剪切的基本平衡方程，到 Collins（1973）斜压场理论，推导应用莫尔圆的几何关系的协调条件来确定混凝土斜杆的倾角，T. T. C. Hsu（1985）等建立了一个新的"软化空间桁架模型"，将混凝土的平衡、协调和软化应力-应变关系结合起来。空间桁架模型理论经过不断的改进，逐步发展为比较成熟的理论。该模型将开裂后的钢筋混凝土作为连续材料来处理，构件中混凝土和钢筋的应力和应变均以跨越几条裂缝的平均值或"抹平值（smeared）"来估算[5,6]。采用这些平均应力和应变（或抹平应力和应变），允许我们将材料力学原理应用于开裂后的钢筋混凝土复合受力构件的抗扭性能研究之中。利用平衡桁架模型提供的清晰的受力概念，压力场理论提供的扭矩-扭角曲线关系，软化桁架模型对剪力流区的应力、应变的分析，以及对剪力流区域的理解，我们可以揭示压弯剪复合受扭构件在受力变形全过程中变形性能的实质，为全面研究复合受扭构件的变形性能打下基础。

承受平面内剪应力和正应力的钢筋混凝土薄膜元（membrane elements）的软化桁架模型近些年来得到迅速的发展，并逐渐趋于成熟。这种模型满足二维应力平衡条件、莫尔应变协调条件和混凝土的双轴软化本构关系，它不仅能预估薄膜元的强度，而且能够表达荷载-变形关系的全过程[7]。

7.2　钢筋混凝土薄膜元理论

薄膜元桁架模型对于开裂后的钢筋混凝土是作为连续材料来处理的。一个构件中混凝土和钢筋的应力和应变均以跨越几条裂缝的平均值或"抹平值（smeared）"来估计，采用这些平均应力和应变（或抹平应力和应变），就允许我们将材料力学原理应用于开裂后的钢筋混凝土。

承受剪应力和正应力作用的钢筋混凝土薄膜元如图 7.1（a）所示，将钢筋混凝土单元分解成混凝土单元和钢筋单元。混凝土单元为斜向压杆，钢筋为纵横向弦杆，将混凝土斜压杆轴的夹角定义为混凝土压杆的倾角，斜压杆的指向为 d 轴，假定这个方向也是主压应力和主压应变的方向，就构成了主压应力与主压应变相同的坐标系。在 $d-r$ 坐标系中各单元的受力如图 7.1 所示。

通过坐标转换关系，可以推导出如下平衡方程和协调方程[8-10]。

1. 平衡方程

假定混凝土承受作用在薄膜单元上的全部剪应力，钢筋仅承受轴向应力而不承受剪应力，钢筋单元和混凝土单元上承受的应力如图 7.1（b）、（c）所示，根据受力平衡，各应力分量间满足应力莫尔圆，如图 7.2 所示。

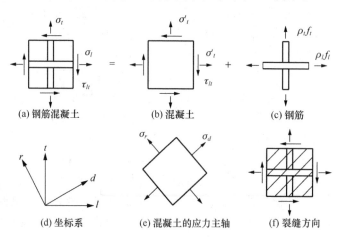

图 7.1　承受平面内应力的钢筋混凝土薄膜元

通过坐标转换关系

$$\tau_{ij} = \tau_{kn} \cdot h_{ik} \cdot h_{jm} \tag{7.1}$$

可得

$$\sigma_l^c = \sigma_d \cos^2\theta + \sigma_r \sin^2\theta \tag{7.2}$$

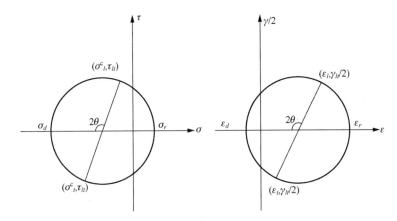

图 7.2　应力、应变莫尔圆

$$\sigma_t^c = \sigma_d \sin^2\theta + \sigma_r \cos^2\theta \qquad (7.3)$$

$$\tau_{lt} = (-\sigma_d + \sigma_r)\sin\theta\cos\theta \qquad (7.4)$$

由单元力的平衡条件可得

$$\sigma_l = \sigma_l^c + \rho_l f_l \qquad (7.5)$$

$$\sigma_t = \sigma_t^c + \rho_t f_t \qquad (7.6)$$

由坐标转换关系式和力的平衡方程式可得薄膜元理论的三个平衡方程，即

$$\sigma_l = \sigma_d \cos^2\theta + \sigma_r \sin^2\theta + \rho_l f_l \qquad (7.7)$$

$$\sigma_t = \sigma_d \sin^2\theta + \sigma_r \cos^2\theta + \rho_t f_t \qquad (7.8)$$

$$\tau_{lt} = (-\sigma_d + \sigma_r)\sin\theta\cos\theta \qquad (7.9)$$

以上式中，σ_l，σ_t——l 和 t 方向的外加正应力；

　　　　　σ_l^c，σ_t^c——混凝土开裂后 l 和 t 方向的正应力；

　　　　　τ_{lt}——l-t 坐标系中的剪应力；

　　　　　σ_d，σ_r——开裂后混凝土主轴 d 和 r 方向的主应力；

　　　　　θ——d 轴对 r 轴的倾角，定义为混凝土斜杆的倾角；

　　　　　ρ_l，ρ_t——l 和 t 方向钢筋的配筋率；

　　　　　f_l，f_t——l 和 t 方向钢筋的应力。

2. 协调方程

在达到极限荷载之前，开裂角可由二维协调条件确定，也可由应变莫尔圆确定，经应变坐标变换，同理可得到三个变形协调方程，即

$$\varepsilon_l = \varepsilon_d \cos^2\theta + \varepsilon_r \sin^2\theta \qquad (7.10)$$

$$\varepsilon_t = \varepsilon_d \sin^2\theta + \varepsilon_r \cos^2\theta \qquad (7.11)$$

$$\gamma_{lt} = 2(-\varepsilon_d + \varepsilon_r)\sin\theta\cos\theta \qquad (7.12)$$

式中，ε_l，ε_t——l 和 t 方向混凝土的平均正应变；

　　　γ_{lt}——l-t 坐标系中的平均剪应变；

　　　ε_d，ε_r——混凝土主轴 d 和 r 方向的主应变；

　　　θ——d 轴对 r 轴的倾角。

不考虑裂缝间的骨料咬合作用，假定应力主轴和应变主轴相同，θ 可定义为混凝土斜杆的开裂角，由方程（7.10）和方程（7.11）得出

$$\theta = \sqrt{\frac{\varepsilon_l - \varepsilon_d}{\varepsilon_l - \varepsilon_d}} \tag{7.13}$$

3. 本构关系

本章采用的本构关系[11-13]见图 7.3 和图 7.4。

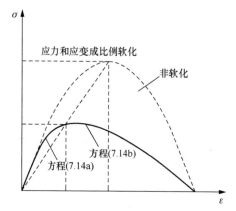

图 7.3　受压混凝土的应力-应变曲线　　　图 7.4　受拉混凝土的平均应力-应变曲线

受压混凝土：

$$\sigma_d = \zeta \cdot f_c' \left[2\left(\frac{\varepsilon_d}{\zeta \cdot \varepsilon_0}\right) - \left(\frac{\varepsilon_d}{\zeta \cdot \varepsilon_0}\right)^2 \right], \quad \frac{\varepsilon_d}{\zeta \cdot \varepsilon_0} \leqslant 1 \tag{7.14a}$$

$$\sigma_d = \zeta \cdot f_c' \left[1 - \left(\frac{\varepsilon_d/(\zeta \cdot \varepsilon_0) - 1}{2/\zeta - 1}\right)^2 \right], \quad \frac{\varepsilon_d}{\zeta \cdot \varepsilon_0} > 1 \tag{7.14b}$$

$$\zeta = 0.9/\sqrt{1 + 400\varepsilon_r} \tag{7.15}$$

式中，f_c'——6in×12in（15.24cm×30.48cm）混凝土标准圆柱体的最大抗压强度；

　　　ε_0——最大抗压强度时的混凝土应变，取 0.002；

　　　ζ——软化系数。

软化效应是以软化系数 ζ 来表达的，它是 r 方向应变 ε_r 的函数。

受拉混凝土：

$$\sigma_r = E_c \varepsilon_r, \quad \varepsilon_r \leqslant 0.000\,08 \tag{7.16a}$$

$$\sigma_r = f_{\text{cr}} \left(\frac{0.000\,08}{\varepsilon_r} \right)^{0.4}, \quad \varepsilon_r > 0.000\,08 \tag{7.16b}$$

式中，E_c——混凝土的弹性模量；

　　　f_{cr}——混凝土的开裂应力。

　　钢筋：见图 7.5，有

$$f_s = E_s \varepsilon_s, \quad \varepsilon_s \leqslant \varepsilon_n \tag{7.17a}$$

$$f_s = f_y' = f_y \left[(0.91 - 2B) + (0.02 + 0.25B) \frac{\varepsilon_s}{\varepsilon_y} \right] \left[1 - \frac{2 - \alpha_2/45^\circ}{1000\rho} \right], \quad \varepsilon_s > \varepsilon_n \tag{7.17b}$$

式中，B——参数，定义为 $\dfrac{1}{\rho} \left(\dfrac{f_{\text{cr}}}{f_y} \right)^{1.5}$；

　　　f_n——屈服起点处混凝土中软钢筋的平均应力；

　　　ε_n——屈服起点处混凝土中软钢筋的平均应变；

　　　ε_s——钢筋的应变；

　　　α_2——外加主压应力与纵向钢筋间的夹角。

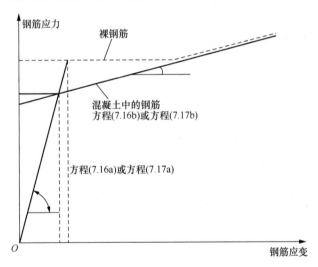

图 7.5　钢筋的本构关系

　　由于在软化桁架模型中改进了本构关系，该理论不仅适用于使用荷载阶段，而且适用于极限荷载阶段。该理论模型共 11 个控制方程 [方程 (7.4)、方程 (7.7)、方程 (7.8)，方程 (7.9) ～ 方程 (7.11)，方程 (7.12) ～ 方程 (7.16)]，14 个未知数，这些未知数包括 7 个应力 (σ_l, σ_t, τ_{lt}, σ_d, σ_r, f_l, f_t) 和 5 个应变 (ε_l, ε_t, γ_{lt}, ε_d, ε_r) 以及角度 θ 和材料软化系数 ζ。如果给定 3 个未知变量，其余 11 个未知变量可通过 11 个方程式求解。

7.3　薄膜元理论在复合受扭构件非线性分析中的应用

承受扭矩作用的矩形截面钢筋混凝土构件，斜裂缝出现后，扭矩将由等效薄壁箱形截面来抵抗，忽略核心混凝土的抗扭作用，箱形截面的抗扭机理比拟为具有螺旋形裂缝的混凝土外壳、箍筋、纵筋共同组成的空间桁架，以抵抗扭矩。

如果把箱形截面（即空间桁架）的各壁离散，每一个侧壁都可以看成承受平面应力的薄膜单元的组合体。利用此方法进行受扭分析，可以把三维问题化为二维问题，转化成承受平面内剪应力和正应力的钢筋混凝土薄膜单元，则前面推导的薄膜元理论完全可以适用。但对于复合受扭构件，除了上述薄膜单元的 11 个方程式外，还需导出新的平衡、协调、材料方程（即一个构件全截面的整体平衡方程和四个考虑箱壁在扭转作用下发生翘曲变形引起的混凝土压杆的弯曲而建立的协调方程，以及考虑混凝土压应力沿壁厚不均匀分布而建立的应力方程）。

7.3.1　薄膜元的内力和变形的计算

1. 基本假定

1）由于复合受力的作用，箱形截面的四个侧壁受力情况均不同，因此把箱形截面的侧壁分为四类，分别编号①、②、③、④，相应的剪力流为 $q_i(i=1, 2, 3, 4)$，混凝土斜压杆倾角为 $\theta_i(i=1, 2, 3, 4)$，箱壁的有效壁厚为 $t_i(i=1, 2, 3, 4)$。

2）扭矩由箱形截面承担，形成剪力流，其大小为

$$q = T/2A_0$$

3）剪力由箱形截面上平行于剪力方向的两竖向侧壁承担，剪力流大小为

$$q_V = \frac{\beta_V V}{2h_0} = \frac{\beta_V T}{2bh_0 \eta}$$

式中，β_V——考虑核心混凝土抗剪作用对剪力的折减，$\beta_V = \dfrac{t_3+t_4}{b}$；

η——扭剪比，$\eta = \dfrac{T}{bV}$。

剪力流定义为

$$q_i = \tau_i \cdot t_i$$

式中，h_0——剪力流中心线中对中的距离（长边），$h_0 = h - (t_1 + t_2)/2$；

b_0——剪力流中心线中对中的距离（短边），$b_0 = b - (t_3 + t_4)/2$。

4）轴向力由矩形截面承担。箱形截面上承担的轴向应力为

$$\sigma_{li} = \beta_N N / A_c = t_e u_0 N / A_c$$

5）弯矩主要由上、下两个侧壁承担，上、下箱形侧壁上的正应力如下。

①单元：

$$\sigma_{l1} = \frac{\beta_M M}{h_0 \cdot b \cdot t_1}$$

②单元：

$$\sigma_{l2} = \frac{\beta_M M}{h_0 \cdot b \cdot t_2}$$

③、④单元：

$$\sigma_{l3} = \sigma_{l4} = 0$$

以上式中，β_M——考虑核心混凝土的作用对弯矩的折减系数，$\beta_M = \dfrac{I_c - I_0}{I_c}$。

2. 平衡方程

由于弯矩和轴向拉力的存在，薄膜单元受纵向正应力的作用，即平衡方程中的 $\sigma_t = 0$，$\sigma_l \neq 0$。其中，σ_{li}（$i = 1, 2, 3, 4$，以压为正）为薄膜元受的纵向应力。

①单元：

$$\sigma_{l1} = \frac{\beta_M M}{h_0 \cdot b \cdot t_1} + t_e u_0 N / A_c$$

②单元：

$$\sigma_{l2} = \frac{\beta_M M}{h_0 \cdot b \cdot t_2} + t_e u_0 N / A_c$$

③、④单元：

$$\sigma_{l3} = \sigma_{l4} = t_e u_0 N / A_c$$

$$-\sigma_d \cos^2\theta + \sigma_r \sin^2\theta + \rho_l f_l = -\sigma_{li} \tag{7.17}$$

$$-\sigma_d \sin^2\theta + \sigma_r \cos^2\theta + \rho_t f_t = 0 \tag{7.18}$$

$$\tau_{lt} = (\sigma_d + \sigma_r)\sin\theta\cos\theta \tag{7.19}$$

3. 协调方程

三个基本的协调方程没有大的变化，仍和前述一样，为

$$\varepsilon_l = -\varepsilon_d \cos^2\theta + \varepsilon_r \sin^2\theta \tag{7.20}$$

$$\varepsilon_t = -\varepsilon_d \sin^2\theta + \varepsilon_r \cos^2\theta \tag{7.21}$$

$$\gamma_{lt} = 2(\varepsilon_d + \varepsilon_r)\sin\theta\cos\theta \tag{7.22}$$

但还需满足由于箱壁在扭转作用下发生翘曲变形引起的混凝土压杆的弯曲而建立的混凝土压杆的弯曲曲率 ψ 与构件扭转角 φ 的关系[14]，即

$$\psi = \varphi \sin\theta \tag{7.23}$$

扭转角 φ 与箱壁剪切变形 γ 的关系[14]为

$$\varphi = \frac{1}{2A_0} \sum \gamma_i d_i \quad (i = 1,2,3,4) \tag{7.24}$$

展开即为

$$\varphi = \frac{\gamma_1 + \gamma_2}{2A_0} b_0 + \frac{\gamma_3 + \gamma_4}{2A_0} h_0$$

薄壁的翘曲使斜裂缝间的混凝土斜压杆像压弯构件一样应变呈三角形分布，在构件表面处压应变 ε_{ds} 最大，沿壁厚 t_e 线性减小为零，应变与弯曲曲率的关系为

$$\varepsilon_{ds} = \psi t_e \tag{7.25}$$

$$\varepsilon_d = \frac{\varepsilon_{ds}}{2} \tag{7.26}$$

4. 本构方程

同前文方程 (7.13)～方程 (7.16)。

5. 混凝土斜杆平均压应力的计算

混凝土斜压应力并非均匀作用在有效壁厚上，并且由于混凝土构件的弹塑性性质，斜压应力并非均匀分布，可以用一个等效均匀的应力 σ_d 代替：

$$\sigma_d = \alpha \cdot \zeta \cdot f'_c \tag{7.27}$$

当 $\varepsilon_{ds} \leqslant \varepsilon_p$ 时：

$$\alpha = \frac{\varepsilon_{ds}}{\varepsilon_p}\left(1 - \frac{1}{3} \cdot \frac{\varepsilon_{ds}}{\varepsilon_p}\right) \tag{7.28a}$$

当 $\varepsilon_{ds} > \varepsilon_p$ 时：

$$\alpha = \left(1 - \frac{\zeta^2}{(2-\zeta)^2}\right)\left(1 - \frac{1}{3} \cdot \frac{\varepsilon_p}{\varepsilon_{ds}}\right) + \frac{\zeta^2}{(2-\zeta)^2} \cdot \frac{\varepsilon_{ds}}{\varepsilon_p}\left(1 - \frac{1}{3} \cdot \frac{\varepsilon_{ds}}{\varepsilon_p}\right) \tag{7.28b}$$

以上方程经过变换，由式 (7.17) 可得到 $\cos^2\theta = \dfrac{\sigma_r + \rho_l \cdot f_l + \sigma_{li}}{\sigma_r + \sigma_d}$，由式 (7.20) 可得到 $\cos^2\theta = \dfrac{\varepsilon_r + \varepsilon_l}{\varepsilon_r + \varepsilon_d}$，联立可得

$$\varepsilon_l = \varepsilon_r - \frac{\varepsilon_r + \varepsilon_d}{\sigma_r + \sigma_d}(\sigma_r + \rho_l \cdot f_l + \sigma_{li}) \tag{7.29}$$

同理可得

$$\varepsilon_t = \varepsilon_r - \frac{\varepsilon_r + \varepsilon_d}{\sigma_r + \sigma_d}(\sigma_r + \rho_l \cdot f_l) \tag{7.30}$$

由式（7.20）、式（7.21）联立可得

$$\varepsilon_r = \varepsilon_d + \varepsilon_l + \varepsilon_t \tag{7.31}$$

$$\tan\theta = \frac{\varepsilon_l + \varepsilon_d}{\varepsilon_t + \varepsilon_d} \tag{7.32}$$

以上各式中符号的含义如下：

A_l——构件横截面内全部纵筋的截面面积；

A_t——单肢箍筋的截面面积；

f_l——纵筋应力；

f_t——箍筋应力；

A_0——剪力流中心线所围面积，$A_0 = A_c - t_e u_c / 2 + t_e^2$；

u_0——剪力流中心线的周长，$u_0 = u_c - 4t_e$；

h_0——剪力流中心线中到中的距离（长边）；

b_0——剪力流中心线中到中的距离（短边）；

t_e——箱形截面的有效壁厚；

s——箍筋间距；

h——矩形截面的长边；

b——矩形截面的短边；

A_c——矩形截面的面积；

u_c——矩形截面的周长；

σ_d——混凝土斜压杆的平均压应力。

至此，薄膜元的内力和变形求解的所有方程推导完毕。通过编制的计算程序求解，可以将薄膜元的计算编写为一子程序 MEP 方便调用，计算框图见图 7.6。

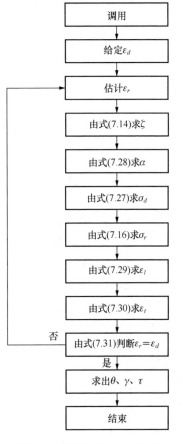

图 7.6 薄膜元应力应变计算程序 MEP 框图

7.3.2 构件的内力和变形的计算

薄膜元组合时必须满足整体平衡条件和协调条件。

1) 平衡条件就是薄膜元组合后剪力流和外力平衡，方程如下：

$$q_1 = q_2 = \frac{T}{2A_0} \tag{7.33a}$$

$$q_3 = \frac{T}{2A_0} + q_V \tag{7.33b}$$

$$q_4 = \frac{T}{2A_0} - q_V \tag{7.33c}$$

2）协调条件即各薄膜元的扭角必须相等，且等于构件的扭转角，也就是构件的扭角必须唯一。

薄膜元扭转角为

$$\varphi = \frac{2\varepsilon_d}{t_e \sin 2\theta} \tag{7.34}$$

构件扭转角为

$$\varphi = \frac{\gamma_1 + \gamma_2}{2A_0} b_0 + \frac{\gamma_3 + \gamma_4}{2A_0} h_0 \tag{7.35}$$

由以上两式求得的 φ 值必须相等，这就是组合薄膜元时必须满足的协调条件。至此，弯剪扭联合作用下的构件的基本方程推导完毕。下面给出求解的计算步骤：

① 输入截面的几何尺寸、配筋原始数据、各种荷载特征系数。

② 对于薄膜单元①，给定一个混凝土斜向压应变 ε_{ds1}。

③ 估计 t_1、t_2、t_3、t_4。

④ 求出 σ_{li}（$i=1$，2，3，4），求出 ε_{d1}，调用子程序 MEP，求出 θ_1、γ_1、τ_1 等。

⑤ 由式（7.34）求出 φ，并求出 q_1、T。

⑥ 估计 θ_2，调用子程序 MEP，校核 $\theta_2' = \theta_2$，若不满足精度要求，修正 θ_2，返回重新计算。

⑦ 求出 t_2'，校核 $t_2' = t_2$，若不满足精度要求，修正 t_2，返回③重新计算。

⑧ 估计 θ_3，调用子程序 MEP，校核 $\theta_3' = \theta_3$，若不满足精度要求，修正 θ_3，返回重新计算。

⑨ 求出 t_3'，校核 $t_3' = t_3$，若不满足精度要求，修正 t_3，返回③重新计算。

⑩ 估计 θ_4，调用程序 MEP，校核 $\theta_4' = \theta_4$，若不满足精度要求，修正 θ_4，返回重新计算。

⑪ 求出 t_4'，校核 $t_4' = t_4$，若不满足精度要求，修正 t_4，返回③重新计算。

⑫ 由式（7.35）求出 φ，代入式（7.34）求出 t_e。

⑬ 校核 $t_1' = t_1$，若不满足精度要求，修正 t_1，返回③重新计算。

⑭ 以一定的步长增加 ε_{ds1}，直到最后破坏。

⑮ 求出构件的扭矩 T 和扭角 φ。

计算框图见图 7.7。

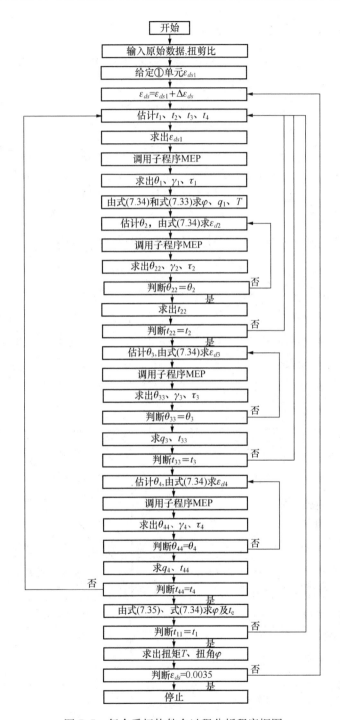

图 7.7　复合受扭构件全过程分析程序框图

7.3.3 计算结果与试验结果的对比

运用这种方法，本书首次对高强钢筋混凝土压弯剪扭构件进行了非线性全过程分析，对考虑软化的高强混凝土本构关系进行了修正，对斜压场中混凝土的压应力分布进行了简化，对构件的破坏荷载和变形进行了计算。经最后分析比较，得极限扭矩 T_u^s/T_u^c 的平均值为 1.015，均方差为 0.050，变异系数为 0.049；最后计算的 φ_u/φ_c 的平均值为 1.025，均方差为 0.13，变异系数 0.127，结果符合较好。与已有的纯扭、剪扭等试验结果[15-17]的全过程分析结合，说明薄膜元理论对钢筋混凝土复合受扭构件受力变形全过程分析是一个有效的方法。本节给出了部分算例的扭矩-扭角理论曲线和本次 8 根高强混凝土压、弯、剪构件在单调扭矩作用下的抗扭性能试件试验曲线的对比，见图 7.8。

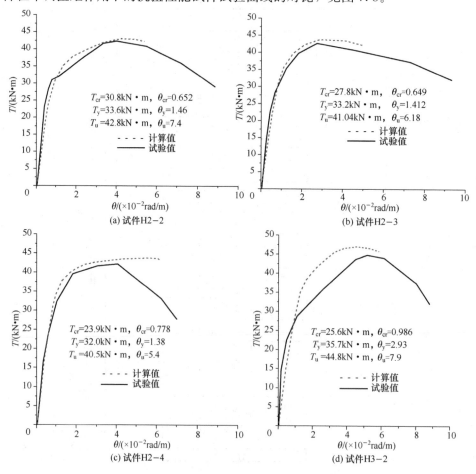

图 7.8 扭矩-扭角理论曲线和试验曲线的对比

7.3.4 有效壁厚 t_e 的讨论

关于薄壁空心截面有效壁厚 t_e 的计算,在普通混凝土纯扭构件中,国内外学者对其进行了比较多的研究,提出了相应的计算方法。对于高强混凝土复合受扭构件,由于混凝土强度等级高,其有效壁厚的计算方法可否应用,将有待于进一步研究,为此,本章对高强混凝土复合受扭构件有效壁厚的确定进行了探讨。在斜压力场计算模型中 Collins 等[16]认为剪力流中心线与混凝土斜压杆等效应力图形的压应力合力的中心线重合,并且在确定等效压应力图形时,以箍筋的中心线作为有效的构件外表面,即不考虑箍筋中心线以外的混凝土保护层作用。本文在经过分析和对高强钢筋混凝土复合受扭构件受力变形全过程计算认为,如果忽略混凝土的保护层作用,将导致 t_e 计算值偏小,并且认为剪力流中心线的位置和有效压力区中心线重合,此时有效壁厚从构件的表面算起,极限扭矩时的有效壁厚平均值见表 7.1,这样计算的结果与试验结果更为吻合。为了在对高强钢筋混凝土复合受扭构的变形进行实用公式计算中使用,本文给出了薄壁空心截面有效壁厚 t_e 的计算公式,即

$$t_e = \frac{A_0}{u_0}\left(1 - \sqrt{1 - \frac{\tau_l}{0.2f_c}\frac{1}{\sin 2\theta}}\right) \tag{7.36}$$

表 7.1 t_e 的计算值

构件号	f_c	T_u	t_e
H2-2	38.5	41.87	6.51
H2-3	38.5	42.67	6.58
H2-4	38.5	42.3	6.62
H3-2	35.2	44.8	7.10
H3-3	35.2	47.3	7.32
H3-4	35.2	46.0	7.22
H4-3	35.2	48.8	7.47
H4-4	35.2	45.6	7.28

7.3.5 薄膜元理论的适用范围

薄膜元理论的适用范围为扭剪比 $\eta > 0.6$、扭弯比 $T/M > 1.0$ 的弯剪扭构件,轴压比 $f/f_c \leqslant 0.6$ 并且相对偏心距 $e_0 \leqslant 0.6$ 的偏压扭构件,即对于发生扭型破坏的复合受扭构件适用性较好。

7.4　压、弯、剪、扭复合作用下的扭转刚度实用计算公式

国内外针对复合受力状态下的受扭构件进行了不少研究，取得了一定的成果，基于空间变角桁架理论的复合受力的相关方程和与《混凝土设计规范》（GB 50010—2010）相协调的抗扭承载能力计算公式等强度方面的研究已有较多的成果。鉴于建筑灾害中复合受扭构件的破坏，由于结构的弹塑性地震反应随偏心距和轴向力的增大而更加剧烈，对构件的变形要求也更高。构件的抗扭刚度对框架结构分析、复合受扭构件破坏形态的研究都有重要意义，因此承受压弯剪扭作用的构件的变形性能中扭转刚度实用计算公式成为值得重视的问题。

7.4.1　复合受力状况下的刚度变化规律

对于钢筋混凝土纯扭构件，构件开裂前的抗扭刚度主要与截面尺寸、截面形式和混凝土的强度有关，构件开裂后的抗扭刚度则与钢筋布置和配筋量的大小有关[18-20]。

对于偏压剪扭构件，开裂前后的抗扭刚度还要受到轴压比、偏心距大小的影响，以及弯扭比、扭剪比等的影响。

随轴压比的提高，初始刚度线性增长。

相对偏心距为0.1时，开裂前，随轴压比的增加，开裂抗扭刚度略有增加；开裂后，抗扭刚度大大降低，当轴压比较小时，随轴压比的增加，构件屈服时的抗扭刚度降低较多，当轴压比较大时，对屈服点处的抗扭刚度的影响不显著，在最大扭矩点的抗扭刚度随轴压比的增大而增大。

相对偏心距为0.3的构件，开裂前，轴压比为0.1~0.3时开裂抗扭刚度略有增加，当轴压比变化到0.35时开裂抗扭刚度有略有减小；开裂后，刚度降低较多，屈服点的抗扭刚度随轴压比的增大而增大，最大扭矩点的抗扭刚度随轴压比的增大而增大，破坏段的刚度随之降低。

相对偏心距为0.5时，开裂扭矩较小，开裂抗扭刚度与相对偏心距为0.3时的情形相似，屈服点处的切线抗扭刚度随轴压比的变化不明显，最大扭矩点的抗扭刚度大致相同。

综上所述，轴压比对不同相对偏心距的构件初始刚度的影响，在小轴压比范围内，随轴压比的增加初始刚度增加，在大轴压比范围内，随轴压比的提高初始刚度有下降的趋势，大小轴压比的界限似在0.5左右。构件的初始刚度随相对偏心距的增大而呈下降的趋势。对于扭型构件，扭弯比（T/M）、扭剪比（T/Vh_0）对初始刚度的影响使得复合受力构件的初始刚度得以降低；在开裂前，可近似地认为初始抗扭刚度与剪力无关。

事实上，第一条扭型裂缝出现时，构件内部的裂缝已充分开展，从扭矩-扭角关系曲线上看，构件已出现向 θ 轴的弯曲，说明在复合应力作用下构件内部的应力水平已较高，在双向应力作用下，虽然混凝土具有一定的软化性能，但较纯扭构件来讲，它的塑性性能已有较大发展。构件开裂后，核心混凝土的抗扭作用不大，在承受压弯剪扭复合受力的构件中，从开裂到某一纵向钢筋屈服，如果破坏是扭型破坏，则可以用变角空间桁架模型和斜压场理论来描述其钢筋屈服时构件截面上的变形。

复合受力构件钢筋屈服后，裂缝的加宽改变了原来空间变角桁架模型的几何变形关系，应力主轴与应变主轴也丧失了相同性，变形和刚度的研究趋复杂。本节的实用公式以复合受力构件钢筋屈服后的空间变角桁架模型的几何变形关系为基础，用虚功原理建立。

7.4.2　在压、弯、剪、扭复合作用下的扭转刚度

1. 基本假定

1）构件开裂后，忽略核心混凝土的作用，扭矩由一个等效薄壁箱形截面来抵抗，箱壁厚度为 t_d，斜裂缝与箱顶、侧、底的夹角分别为 α_1，α_2，α_3，α_4。

2）箱形截面的抗扭机理可以比拟为空间变角桁架，纵筋为桁架的弦杆，箍筋为桁架的腹杆，混凝土斜压杆为桁架的斜腹杆。

3）混凝土斜压杆仅承受压力，不承受拉力和剪力。

4）忽略纵筋和箍筋的销栓作用。

5）箱形截面壁厚相等，扭矩 T、弯矩 M 由箱形截面承担，剪力 V 和轴力 N 由箱形截面核心截面共同承担，见图 7.9。

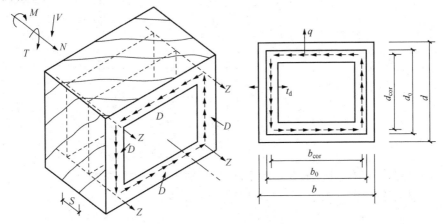

图 7.9　空间变角桁架模型

2. 理论分析

本次研究只考虑复合受力下构件的扭转刚度，应用虚功原理可得

$$\int \frac{T \cdot T^*}{K_t''} \mathrm{d}z = \int \frac{f \cdot f^*}{E} \mathrm{d}v \tag{7.37}$$

式中，f^*——由 $T^*=1$ 产生的应力；

　　$\mathrm{d}v$——在长度 $\mathrm{d}z$ 上的杆件体积。

对于长度 $\mathrm{d}z=1$ 的杆件单元，$T=T^*=1$ 时，上式可写成

$$\frac{1}{K_t''} = \sum_{i=1}^{r} \frac{f_t^{*2}}{E_i} V_t \tag{7.38}$$

空间变角桁架各杆件应力可写为：

纵筋

$$f_{l1}^* = \frac{1}{2A_{l1}A_0}\left[\frac{A_0}{d_0}\cot\alpha_3 + \frac{d_{cor}^2}{2d_0}(\cot\alpha_2 + \cos\alpha_4)\right] \tag{7.39}$$

$$f_{l3}^* = \frac{1}{2A_{l3}A_0}\left[\frac{A_0}{d_0}\cot\alpha_1 + \frac{d_{cor}^2}{2d_0}(\cot\alpha_2 + \cos\alpha_4)\right] \tag{7.40}$$

箍筋

$$f_{hi}^* = \frac{S}{2A_0 A_{sv}\cot\alpha_i} \tag{7.41}$$

混凝土压杆

$$f_{di}^* = \frac{1}{A_0 t_e \sin2\alpha_i} \tag{7.42}$$

各箱壁中轴向压应力与纵筋的夹角为

$$\tan2\alpha_1 = -\frac{T}{A_0} \cdot \frac{1}{\dfrac{\beta_M \cdot M}{b_d - bt_d} + \dfrac{\beta_N \cdot N}{2(b+d-2t_d)}} \tag{7.43}$$

$$\tan2\alpha_2 = -\frac{T}{A_0} \cdot \frac{1}{\dfrac{\beta_N \cdot N}{2(b+d-2t_d)} - \dfrac{\beta_M \cdot M}{b_d - bt_d}} \tag{7.44}$$

$$\tan2\alpha_3 = -\left(\frac{T}{2A_0} + \frac{V}{2d}\right) \cdot \frac{4t_d(b+d-2t_d)}{\beta_N \cdot N} \tag{7.45}$$

$$\tan2\alpha_4 = -\left(\frac{T}{A_0} - \frac{V}{2d}\right) \cdot \frac{4t_d(b+d-2t_d)}{\beta_N \cdot N} \tag{7.46}$$

它与压、剪力及弯、扭矩有关。式中的 β_N、β_M 为受力分配系数。

将以上各式代入公式（7.38），经整理后可得

$$\frac{1}{K_t''} = \frac{1}{4A_0 E_0}\left\{\frac{1}{A_{l1}}\left[\frac{A_0}{d_0}\cot\alpha_3 + \frac{d_{cor}^2}{2d_0}(\cot\alpha_2 + \cot\alpha_4)\right]^2\right.$$

$$+ \frac{1}{A_{l3}} \left[\frac{A_0}{d_0} \cot\alpha_1 + \frac{d_{\text{cor}}^2}{2d_0} (\cot\alpha_2 + \cot\alpha_4) \right]^2 \Bigg\}$$

$$= \frac{S}{4A_{\text{sv}}A_0^2 E_{\text{sv}}} (b_{\text{cor}} \tan^2\alpha_1 + d_{\text{cor}} \tan^2\alpha_2 + b_{\text{cor}} \tan^2\alpha_3 + d_{\text{cor}} \tan^2\alpha_4)$$

$$+ \frac{\alpha_{\text{E}}}{A_0^2 E_{\text{s}} t_{\text{d}}} \left(\frac{b_{\text{cor}}}{\sin^2 2\alpha_1} + \frac{d_{\text{cor}}}{\sin^2 2\alpha_2} + \frac{b_{\text{cor}}}{\sin^2 2\alpha_3} + \frac{d_{\text{cor}}}{\sin^2 2\alpha_4} \right) \tag{7.47}$$

7.4.3　抗扭刚度试验值与理论值的比较

复合受扭构件屈服时抗扭刚度试验值与理论值的比较见表 7.2。表中 $K_{\text{t}}^{0''}$ 为屈服时的抗扭刚度试验值，$K_{\text{t}}^{1''}$ 为薄膜元理论计算值，K_{t}'' 为抗扭刚度实用公式计算值（屈服时的抗扭承载力的计算值与屈服时扭转角的比值）。分析表明薄膜元理论计算值与抗扭刚度实用公式所得的计算值符合良好。

表 7.2　复合受扭构件屈服时抗扭刚度试验值与理论值的比较

试件编号	σ/f_c	e/h_0	$K_{\text{t}}^{0''}$	$K_{\text{t}}^{1''}$	K_{t}''	$K_{\text{t}}^{0''}/K_{\text{t}}''$
H2-2	0.2	0.2	2.3	2.21	2.51	0.92
H2-3	0.2	0.3	2.35	2.32	2.63	0.89
H2-4	0.2	0.4	2.32	2.28	2.67	0.87
H3-2	0.3	0.2	1.22	2.66	2.89	0.42
H3-3	0.3	0.3	2.92	2.84	2.95	0.99
H3-4	0.3	0.4	2.8	2.82	2.97	0.94
H4-3	0.4	0.3	4.81	2.56	3.01	1.59
H4-4	0.4	0.4	2.99	2.88	3.17	0.94

7.5　小　　结

1）本章以空间桁架理论为基础，通过把承受扭矩的箱形薄壁离散，空间桁架转化成平面桁架，可以把三维问题化为二维问题，然后用薄膜元理论求解。通过对 8 根以受扭为主的复合受扭构件的极限扭矩和变形的计算，结果和试验对比，符合较好，证实这种方法是可行的。

2）考虑混凝土"软化"的空间桁架理论，能够较准确地模拟以承受扭矩为主的复合受扭钢筋混凝土构件的抗扭机理，结合薄膜元理论求解，力学概念简单直观，理论公式简洁明了，不仅可以作为强度，而且可以作为变形的统一计算模型。

3）本章首次对高强钢筋混凝土压弯剪扭构件进行了非线性全过程分析，对考虑软化的高强混凝土本构关系进行了修正，对斜压场中混凝土压应力分布进行了简化，对构件的破坏荷载和变形进行了计算，经最后分析比较说明薄膜元理论对钢筋混凝土复合受扭构件受力变形全过程分析是一个有效的方法。本章给出了部分算例的扭矩-扭角理论曲线和本次 8 根高强混凝土压、弯、剪构件在单调扭矩作用下的抗扭性能试验曲线的对比，得出和试验结果一致的结论。

4）认为剪力流中心线的位置和有效压力区中心线重合，有效壁厚从构件的表面算起，极限扭矩时的有效壁厚可以通过薄膜元理论下的全过程确定，这样计算的结果与试验结果更为吻合。为了在对高强钢筋混凝土复合受扭构件的变形进行实用公式计算中使用，本文给出了薄壁空心截面有效壁厚 t_e 的计算公式。

5）针对承受偏压剪复合受力构件在单调扭矩作用下试验资料的研究，分析了轴压比和相对偏心距对构件变形的影响，应用虚功原理提出了开裂前构件的刚度和屈服时构件的抗扭刚度的计算公式和计算方法，所提公式的计算结果与试验结果符合较好，可供研究与设计承受复合作用的受扭构件时参考。

参 考 文 献

[1] 丁金城，康谷贻，王士琴. 轴力作用下钢筋混凝土构件扭转性能全过程分析 [J]. 建筑结构学报，1987（1）.

[2] 王泽军. 偏心压力作用下钢筋混凝土构件抗扭性能的研究 [D]. 西安：西安建筑科技大学，1987.

[3] 赵嘉康. 钢筋混凝土压、弯、剪、扭构件受扭性能的研究 [D]. 西安：西安建筑科技大学，1991.

[4] 刘步章. 钢筋混凝土纯扭和剪扭构件全过程分析 [D]. 天津：天津大学，1991.

[5] Chris G Karayannis. Smeared Crack Analysis for Plain Concrete in Torsion [J]. Journal of Structural Engineering，2000，126（6）：638-645.

[6] Chris G Karayannis, Constantin E Chalioris. Experimental Validation of Smeared Analysis for Plain Concrete in Torsion [J]. Journal of Structural Engineering，2000，126（6）：646-653.

[7] 徐增全. 钢筋混凝土薄膜元理论 [J]. 建筑结构学报，1995，16（5）：10 -19.

[8] T T C Hsu. Softening Truss Model Theory for Shear and Torsion [J]. Structural Journal of the American Concrete Institute，1988，85（6）.

[9] T T C Hsu. Nonlinear Analysis of Concrete Membrane Elements [J]. Structural Journal of the American Concrete Institute，1991，88（5）：552-561.

[10] T T C Hsu. Unified Theory of Reinforced Concrete [M]. Boca Raton：CRC Press Inc.，1993.

[11] A Belarbi, T T C Hsu. Constitutive Laws of Concrete in Tension and Reinforcing Bars Stiffened by Concrete [J]. Structural Journal of the American Concrete Institute，1994，91（4）：465-474.

[12] A Belarbi, T T C Hsu. Constitutive Laws of Softened Concrete in Biaxial Tension-Compression [J]. Structural Journal of the American Concrete Institute，1995，92（5）：562-573.

[13] X B Pang, T T C Hsu. Behavior of Reinforced Concrete Membrane Element in Shear [J]. Structural Journal of the American Concrete Institute，1995，92（6）：665-679.

［14］殷芝霖，张誉，王振东［M］. 抗扭. 北京：中国铁道出版社，1990.

［15］T T C Hsu，Y L Mo. Softening of Concrete in Torsion Members-Theory and Test［J］. Journal of the American Concrete Institute，1985，82（3）：290-303.

［16］Collins M P，Mitchell D. Shear and Torsion Design of Prestressed and None Prestressed Concrete Beams［J］. Journal of PCI，1980，25（5）：32-100.

［17］赵家康，张连德，卫云亭. 钢筋混凝土压、弯、剪、扭构件受扭性能的研究［J］. 土木工程学报，1993（1）.

［18］刘继明，张连德，时伟. 钢筋混凝土偏压剪构件在单调扭矩作用下变形性能的研究［J］. 结构工程师，1997.

［19］A K Sharma，G S Pandit. Torsional Stiffness of Concrete Beams under Combined Loading［J］. The Indian Concrete Journal，1981，55（3）：68 - 72.

［20］刘继明，时伟，栾勇. 钢筋混凝土复合受力受扭构件的变形研究［J］. 青岛建筑工程学院学报，2000，21（4）.

第8章 复合受扭构件的统一分析 及承载能力设计方法

8.1 概　述

钢筋混凝土压弯剪扭复合受力是一个带裂缝工作的空间受力问题，近年来虽然国内外在这方面进行了大量的试验和研究，但由于混凝土是一种非均质的线性弹塑性材料，其内力分布非常复杂。随着材料性能研究的进展、高强材料的大量应用，其破坏形态、破坏机理和开裂承载能力、极限承载能力更趋复杂，目前还没有理想的方法予以解决。

从第2章、第4章和第5章的研究可以看出，从普通混凝土到高强混凝土，在复杂应力作用下，破坏形态和工作机理都有它自身的特点，与以往的研究结果有所不同[1-5]。在开裂承载能力、极限承载能力的计算上，以弹塑性理论为基础的斜弯理论、空间变角桁架理论都能作为一种方法得出相应的计算公式，但还存在着以下一些需要解决问题：

1）扭型破坏中，斜压面存在于构件的四个面之中。

2）在极限承载能力计算中，低配筋时由于忽略混凝土的抗扭作用，计算结果偏于保守，在高配筋时由于过高估计钢筋的抗扭能力而偏于不安全。

3）薄壁空心截面有效壁厚 t_e 与截面的几何尺寸和混凝土的强度有直接的关系。

4）轴向力、弯矩、剪力和扭矩的合理相关关系是承载能力计算的关键。

5）有待提出揭示单向加载、反复加载、单向受力、双向受力的普通混凝土、高强混凝土等构件的解释清晰、概念清楚、公式简单的统一承载能力理论。

复合受扭构件的承载力研究由于应力状况复杂，钢筋混凝土材料物理力学性能复杂，各研究者对问题的研究方法又不尽相同，所采用的理论也不同，形成的承载能力计算公式多有差异，有些甚至存在概念方面的缺陷。本章提出"复合受扭构件在各种受力状态下的工作性能为一种状态，我们可以定义各种极限状态，以便确定承载能力"，具体来说，就是合理选定钢筋混凝土在各种复杂应力下的本构关系模型，运用各种平衡方程、变形协调条件和几何相容方程等，采取有效的数值方法，描述出各类构件的整体关系，来反映构件的抗扭性能，同时计算出复合受力下的有关性能指标，从而为承载能力的计算创造条件。应用计算出的性能指标，结合理论模型，得出的承载能力计算方法概念清楚、公式简单，我们可以称之为统一理论。

8.2　开裂承载能力

对处于压、弯、剪、扭不同组合复合受力的各种构件，全面研究抗裂强度方面的论述还不是很多，用求解理想弹塑性杆在扭矩和弯矩共同作用下的屈服强度的方法得出的弯扭强度相关关系及由此得出的计算公式与试验结果符合良好[2,3]。用斜弯理论[4-6]推导的承受双向弯矩、轴向力和扭矩的抗裂强度计算公式只是试验结果包络线的下限。国内外试验和本书试验表明，钢筋的配置对混凝土构件抗裂强度的提高作用不是十分明显，尤其是在配筋率较高的情况下，构件的开裂扭矩一般不随配筋率的提高而增长，所以在实用上计算开裂扭矩时可忽略钢筋的存在。在压、弯、剪构件单调和反复扭试验中，初始裂缝均产生在剪应力相加面的中部，此处为弯矩作用的中性轴附近，弯曲应力较小，可忽略不计。由国内外试验及本书对开裂扭矩试验结果的结论，可假定认为：在扭矩和剪力所产生的剪应力与轴压力共同作用下，剪应力按弹性理论计算，扭剪应力按全塑性理论计算，考虑混凝土受拉的软化效应在混凝土内部产生的内力重分布，主拉应力达到混凝土的抗拉强度，即 $\sigma_1 = f_t$ 时构件开裂。

开裂点处剪应力：

$$\tau_{max} = \tau_T + \tau_V = \frac{T_{cr}}{W_t} + \frac{SV_{cr}}{bI_0} \tag{8.1}$$

式中，W_t——抗扭塑性抵抗矩，矩形截面为 $W_t = \frac{1}{6}b^2(3h-b)$；

I_0——横截面对中性轴的惯性矩，矩形截面 $\frac{S}{I_0} = \frac{3}{2h}$。

压应力：

$$\sigma_N = \frac{N}{A}$$

弯矩拉应力：

$$\sigma_M = \frac{M_y}{W_0}$$

根据莫尔强度理论，主拉应力为

$$\sigma = \sqrt{\left(\frac{\sigma_M - \sigma_c}{2}\right)^2 + \tau^2} + \frac{\sigma_M - \sigma_c}{2} \tag{8.2}$$

可得

$$\sqrt{\left(\frac{\sigma_M - \sigma_c}{2}\right)^2 + \tau^2} + \frac{\sigma_M - \sigma_c}{2} = f_t \tag{8.3}$$

整理得

$$T_{cr} = W_t\left(f_t \cdot \sqrt{1 + \left(\frac{N}{Af_t} - \frac{M_y}{W_0 f_t}\right)} - \frac{3 \cdot V\cos\alpha}{2bh}\right) \tag{8.4}$$

上式是在剪力部分按弹性计算的情况下推导得到的，考虑到混凝土破坏时混凝土受拉的软化效应在混凝土内部产生的内力重分布的非弹性性质，在式（8.4）右边乘以塑性系数 K，它与混凝土强度等级有关，得

$$T_{cr} = K \cdot W_t \cdot \left(f_t \cdot \sqrt{1 + \left(\frac{N}{Af_t} - \frac{M_y}{W_0 f_t}\right)} - \frac{3 \cdot V\cos\alpha}{2bh}\right) \tag{8.5}$$

塑性系数 K 从理论上难以确定，现根据本书 34 个压、弯、剪、扭构件开裂扭矩的试验值和文献［6］、［7］，通过回归分析（图 8.1），得

$$K = 2.55 - 0.039 f_c, \quad f_c \leqslant 38.5\text{N/mm}^2$$

$$K = 1, \quad f_c > 38.5\text{N/mm}^2$$

代入式（8.5），得开裂扭矩的实用计算公式。

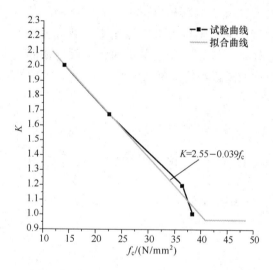

图 8.1　塑性系数 K 与混凝土强度的关系

由式（8.5）计算的结果及其与试验结果的对比列于表 8.1 中，从表中可知，试验值与计算值符合较好。

表 8.1　开裂扭矩的计算值与试验值的比较

试件编号	f_c /(N/mm²)	T_{cr}^0 /(kN·m)	T_{cr}^c /(kN·m) [式 (8.5)]	$\dfrac{T_{cr}^0}{T_{cr}^c}$
R2-2	11.69	28.45	23.1	1.232
R2-3	11.69	23.68	20.74	1.142
R2-4	11.69	23.65	17.49	1.352
R3-2	11.69	28.48	24.18	1.178
R3-3	11.69	23.73	20.04	1.184
R4-2	18.22	33.54	24.51	1.368
R4-3	18.22	23.84	18.91	1.261
R4-4	18.3	23.71	15.57	1.532
H2-2	38.5	30.83	29.44	1.047
H2-3	38.5	27.81	26.97	1.031
H2-4	38.5	23.98	24.52	0.978
H3-2	35.2	25.67	31.0	0.828
H3-3	35.2	28.73	27.61	1.041
H3-4	35.2	23.95	24.24	0.988
H4-3	35.2	34.42	28.95	1.189
H4-4	35.2	27.72	24.44	1.134
H3-2-2	32.4	32.50	31.81	1.022
H3-3-3	32.4	25.2	29.91	0.843
H3-4-4	32.4	23.4	28.0	0.837
试件数	19		均值 $\bar{x}$	1.061
			均方差 σ	0.138
			变异系数 δ	0.130

从表 8.1 中可以看出，偏心距大的试件计算值偏大，对于低强混凝土来说，塑性性能要好一些，而高强混凝土其性能却更接近于弹性，因此塑性系数的取值就要低一些。

8.3　统一理论模型的复合受扭强度相关关系

复合受扭构件扭转破坏强度的计算理论模型有很多，如空间桁架理论、斜弯破坏理论、谐调压力场理论和薄膜元理论等，各个理论的概述见第 1 章。

斜弯破坏理论的基本特点是假定一斜破坏面，对矩形截面而言，这一斜破坏面由三个扭曲破坏面和一个混凝土受压面组成，由斜破坏面所切割的纵筋和箍筋产生的力和力矩为内力，以抵抗外力和外力矩。构件破坏时，由斜破坏面所分割的两部分就各自的中性轴转动，这时一般假定纵筋和箍筋都达到了屈服，然后根据内外力和力矩的平衡列出平衡方程。空间桁架理论是假定受扭构件的中心混凝土不承担扭矩，矩形截面构件可简化为箱形截面构件。由扭矩产生的剪应力使侧壁产生斜裂缝，将侧壁混凝土分割成若干个斜压杆，钢筋在受力过程中只产生轴向力，纵筋构成桁架的弦杆，箍筋构成腹拉杆，侧向混凝土则为密集排列的斜压腹杆，这样受扭作用的矩形截面构件就可以简化为空间桁架模型来计算。

基于压弯剪扭构件受力的复杂性，利用斜弯破坏理论等来计算极限扭矩是非常困难的，而空间桁架模型[8] 是目前应用比较广泛的方法，但侧壁混凝土分割成若干个斜压杆后是一个弹塑性性能充分发展的材料，混凝土的软化、裂缝的开展等都直接影响了构件的抗扭性能，因此本章提出采用谐调压力场—变角空间桁架模型来进行受力分析。

8.3.1　基本假设

1）构件开裂后，忽略核心区混凝土的抗扭作用；混凝土斜杆、纵向钢筋和横向箍筋在节点处铰接。

2）桁架由倾角为 θ 的斜向混凝土压杆和纵向钢筋及箍筋组成，同一侧壁各斜压杆倾角相等，斜裂缝倾角分别为 α_t、α_b、α_l、α_r，其中脚标 t，b，l，r 分别代表顶壁、底壁、左侧壁、右侧壁。

3）斜向混凝土压杆仅承受压应力，忽略混凝土的抗拉及受压弦杆的抗剪作用。

4）纵筋和箍筋仅承受轴向力，忽略销栓作用。

5）箱形截面各侧面的有效壁厚为 t_i，设剪力流的中心线通过箱形截面上纵筋中心的连线。

8.3.2　统一理论

根据以上假设和本文试件受力情况（图 8.1），将双向压、弯、剪、扭构件截面划分成箱形截面和核心矩形截面两部分，并且近似认为扭矩 T 和双向弯矩 M_x、M_y 由箱形截面承担，见图 8.2。本文采用叠加的方法分析，对作用在构件上的力分别进行内力分析，然后叠加。

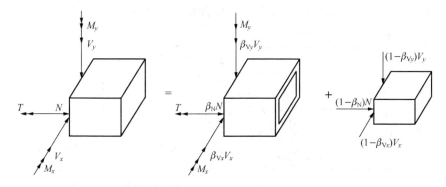

图 8.2　箱壁分离图

因为假设轴力 N、双向剪力 V_x、V_y 由箱壁结构和核心矩形截面共同承担，当采用叠加分析法，可以认为在轴力 N 作用下压应力均匀分布，V_x 产生的剪力沿 y 方向均匀分布，V_y 产生的剪力沿 x 方向均匀分布，所以可以得出作用于箱形截面上的轴力为 $\beta_N N$，剪力为 $\beta_{Vx} V_x$、$\beta_{Vy} V_y$，作用于核心矩形上的轴力为 $(1-\beta_N)N$，剪力为 $(1-\beta_{Vx})V_x$、$(1-\beta_{Vy})V_y$，其中系数如下：

$$\beta_N = \frac{A_1}{A_2} = 1 - \frac{A'}{A_2} = 1 - \frac{(b-t_1-t_3)(h-t_2-t_4)}{bh} \tag{8.6}$$

$$\beta_{Vy} = \frac{b(t_1+t_3)}{bh} = \frac{t_1+t_3}{h} \tag{8.7}$$

$$\beta_{Vx} = \frac{h(t_2+t_4)}{bh} = \frac{t_2+t_4}{b} \tag{8.8}$$

建立薄壁箱形结构，三部分力的作用如图 8.3 所示。

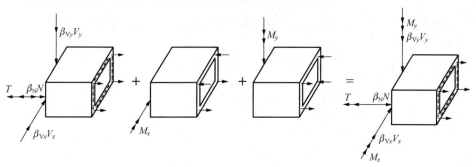

图 8.3　构件上力的分解

1. 轴压扭和剪力作用下的内力分析

如图 8.4 所示，计算时各箱壁厚取为 t_1、t_2、t_3 和 t_4，各侧壁斜压杆所承受的压力分别为 D_1、D_2、D_3 和 D_4，相应的倾角分别为 θ_1、θ_2、θ_3 和 θ_4。

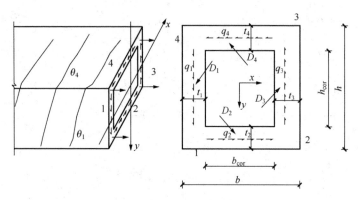

图 8.4　单元体力的分解

设扭矩 T 产生的剪力沿箱形截面侧壁均匀分布，则得

$$q_{1t} = q_{2t} = q_{3t} = q_{4t} = \frac{T}{2b_{cor}h_{cor}} \tag{8.9}$$

式中，T——扭矩；

b_{cor}，h_{cor}——剪力流路线短边和长边尺寸。

由剪力 $\beta_{Vx}V_x$ 产生的剪力流只作用在②、④侧面，由剪力 $\beta_{Vy}V_y$ 产生的剪力流只作用在①、③侧面，且均匀分布，则得

$$\left. \begin{aligned} q_{1V} = q_{3V} = \frac{\beta_{Vy}V_y}{2h_{cor}} \\ q_{2V} = q_{4V} = \frac{\beta_{Vx}V_x}{2b_{cor}} \end{aligned} \right\} \tag{8.10}$$

将扭矩产生的剪力流和剪力产生的剪力流叠加，得到各侧壁的剪力流为

$$\left. \begin{aligned} q_1 = q_{1t} + q_{1V} = \frac{T}{2b_{cor}h_{cor}} + \frac{\beta_{Vy}V_y}{2h_{cor}} \\ q_2 = q_{2t} + q_{2V} = \frac{T}{2b_{cor}h_{cor}} + \frac{\beta_{Vx}V_x}{2b_{cor}} \\ q_3 = q_{3t} - q_{3V} = \frac{T}{2b_{cor}h_{cor}} - \frac{\beta_{Vy}V_y}{2h_{cor}} \\ q_4 = q_{4t} - q_{4V} = \frac{T}{2b_{cor}h_{cor}} - \frac{\beta_{Vx}V_x}{2b_{cor}} \end{aligned} \right\} \tag{8.11}$$

在某侧面取一隔离体（如①侧面），剪力流 q_i、轴力 $\beta_N N$ 引起的桁架如图 8.5 所

示。混凝土压力场总压力为 D_i，其平均压应力为 σ_{di}，箍筋单肢拉力为 F_i，混凝土斜裂缝倾角为 θ_i，由竖向平衡关系得到

$$D_1 \sin\theta = q_1 h_{\text{cor}} \tag{8.12}$$

$$F_1 \frac{h_{\text{cor}} \cdot \text{ctan}\theta_1}{s} = q_1 h_{\text{cor}} \tag{8.13}$$

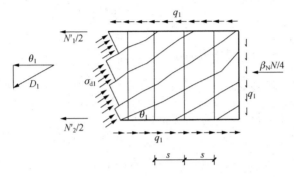

图 8.5　隔离体受力图

由水平平衡得

$$D_1 \cos\theta_1 = \frac{N'_1}{2} + \frac{N'_2}{2} + \frac{\beta_N N}{4} \tag{8.14}$$

由式（8.12）、式（8.13）可得

$$D_1 \cos\theta_1 = \frac{q_1^2 h_{\text{cor}} s}{F_1} \tag{8.15}$$

由式（8.14）对四个面求和，可得

$$\sum_{i=1}^{4} D_i \cos\theta_i = N_1' + N_2' + N_3' + N_4' + \beta_N N \tag{8.16}$$

将式（8.15）代入式（8.16），可得

$$\sum_{i=1}^{4} N'_i + \beta_N N = \frac{q_1^2 h_{\text{cor}} s}{F_1} \frac{q_2^2 b_{\text{cor}} s}{F_2} \frac{q_3^2 h_{\text{cor}} s}{F_3} \frac{q_4^2 b_{\text{cor}} s}{F_4} \tag{8.17}$$

在扭矩 T、轴力 N 和剪力 V 作用下纵筋的拉力相等，箍筋均屈服，由式（8.17）得

$$4N_i' + \beta_N N = (q_1^2 + q_3^2) \frac{h_{\text{cor}} s}{F} + (q_2^2 + q_4^2) \frac{b_{\text{cor}} s}{F} \tag{8.18}$$

$$N_i' = \frac{1}{4} \left[(q_1^2 + q_3^2) \frac{h_{\text{cor}} s}{F} + (q_2^2 + q_4^2) \frac{b_{\text{cor}} s}{F} - \beta_N N \right] \tag{8.19}$$

2. 平衡方程

假定作用在箱壁的弯矩由纵筋承受，由配筋的对称性可得

$$\left.\begin{aligned}
N_{1\mathrm{m}} &= \frac{M_x}{2h'} + \frac{M_y}{2b'} \\[4pt]
N_{2\mathrm{m}} &= -\frac{M_x}{2h'} + \frac{M_y}{2b'} \\[4pt]
N_{3\mathrm{m}} &= -\frac{M_x}{2h'} - \frac{M_y}{2b'} \\[4pt]
N_{4\mathrm{m}} &= \frac{M_x}{2h'} - \frac{M_y}{2b'}
\end{aligned}\right\} \tag{8.20}$$

其中，b' 和 h' 为纵筋中心线矩形的长、短边尺寸。

3. 复合受力相容方程

结合前两部分的分析，得到各纵筋内力为

$$\overline{N}_i = N_i{}' + N_{i\mathrm{m}} \quad (i = 1, 2, 3, 4)$$

即

$$\left.\begin{aligned}
\overline{N}_1 &= \frac{1}{4}(q_1^2 + q_3^2)\frac{h_{\mathrm{cor}}s}{F} + \frac{1}{4}(q_2^2 + q_4^2)\frac{b_{\mathrm{cor}}s}{F} - \frac{1}{4}\beta_\mathrm{N}\overline{N} + \frac{M_x}{2h'} + \frac{M_y}{2b'} \\[4pt]
\overline{N}_2 &= \frac{1}{4}(q_1^2 + q_3^2)\frac{h_{\mathrm{cor}}s}{F} + \frac{1}{4}(q_2^2 + q_4^2)\frac{b_{\mathrm{cor}}s}{F} - \frac{1}{4}\beta_\mathrm{N}\overline{N} - \frac{M_x}{2h'} + \frac{M_y}{2b'} \\[4pt]
\overline{N}_3 &= \frac{1}{4}(q_1^2 + q_3^2)\frac{h_{\mathrm{cor}}s}{F} + \frac{1}{4}(q_2^2 + q_4^2)\frac{b_{\mathrm{cor}}s}{F} - \frac{1}{4}\beta_\mathrm{N}\overline{N} - \frac{M_x}{2h'} - \frac{M_y}{2b'} \\[4pt]
\overline{N}_4 &= \frac{1}{4}(q_1^2 + q_3^2)\frac{h_{\mathrm{cor}}s}{F} + \frac{1}{4}(q_2^2 + q_4^2)\frac{b_{\mathrm{cor}}s}{F} - \frac{1}{4}\beta_\mathrm{N}\overline{N} + \frac{M_x}{2h'} - \frac{M_y}{2b'}
\end{aligned}\right\} \tag{8.21}$$

将式（4.15）代入式（4.25），得到

$$\begin{aligned}
\overline{N}_1 &= \frac{1}{4}\left(\frac{T^2}{2A_{\mathrm{cor}}^2} + \frac{\beta_{\mathrm{V}y}^2 V_y^2}{2h^2}\right)\frac{h_{\mathrm{cor}}s}{F} + \frac{1}{4}\left(\frac{T^2}{2A_{\mathrm{cor}}^2} + \frac{\beta_{\mathrm{V}x}^2 V_x^2}{2b^2}\right)\frac{b_{\mathrm{cor}}s}{F} \\[4pt]
&\quad - \frac{1}{4}\beta_\mathrm{N}\overline{N} + \frac{M_x}{2h'} + \frac{M_y}{2b'} \\[4pt]
&= \frac{U_{\mathrm{cor}}s}{16F}\left(\frac{T}{A_{\mathrm{cor}}}\right)^2 + \frac{h_{\mathrm{cor}}s}{8F}\left(\frac{t_1 + t_3}{A}V_y\right)^2 + \frac{b_{\mathrm{cor}}s}{8F}\left(\frac{t_2 + t_4}{A}V_x\right)^2 \\[4pt]
&\quad - \frac{1}{4}\beta_\mathrm{N}N + \frac{M_x}{2h'} + \frac{M_y}{2b'}
\end{aligned} \tag{8.22}$$

同理可得

$$\overline{N}_1 = \frac{1}{4}\left(\frac{T^2}{2A_{cor}^2} + \frac{\beta_{Vy}^2 V_y^2}{2h^2}\right)\frac{h_{cor}s}{F} + \frac{1}{4}\left(\frac{T^2}{2A_{cor}^2} + \frac{\beta_{Vx}^2 V_x^2}{2b^2}\right)\frac{b_{cor}s}{F}$$

$$-\frac{1}{4}\beta_N \overline{N} + \frac{M_x}{2h'} + \frac{M_y}{2b'}$$

$$= \frac{U_{cor}s}{16F}\left(\frac{T}{A_{cor}}\right)^2 + \frac{h_{cor}s}{8F}\left(\frac{t_1+t_3}{A}V_y\right)^2 + \frac{b_{cor}s}{8F}\left(\frac{t_2+t_4}{A}V_x\right)^2$$

$$-\frac{1}{4}\beta_N N + \frac{M_x}{2h'} + \frac{M_y}{2b'}$$

$$\overline{N}_2 = \frac{U_{cor}s}{16F}\left(\frac{T}{A_{cor}}\right)^2 + \frac{h_{cor}s}{8F}\left(\frac{t_1+t_3}{A}V_y\right)^2 + \frac{b_{cor}s}{8F}\left(\frac{t_2+t_4}{A}V_x\right)^2$$

$$-\frac{1}{4}\beta_N N - \frac{M_x}{2h'} + \frac{M_y}{2b'}$$

$$\overline{N}_3 = \frac{U_{cor}s}{16F}\left(\frac{T}{A_{cor}}\right)^2 + \frac{h_{cor}s}{8F}\left(\frac{t_1+t_3}{A}V_y\right)^2 + \frac{b_{cor}s}{8F}\left(\frac{t_2+t_4}{A}V_x\right)^2$$

$$-\frac{1}{4}\beta_N N - \frac{M_x}{2h'} - \frac{M_y}{2b'}$$

$$\overline{N}_4 = \frac{U_{cor}s}{16F}\left(\frac{T}{A_{cor}}\right)^2 + \frac{h_{cor}s}{8F}\left(\frac{t_1+t_3}{A}V_y\right)^2 + \frac{b_{cor}s}{8F}\left(\frac{t_2+t_4}{A}V_x\right)^2$$

$$-\frac{1}{4}\beta_N N - \frac{M_x}{2h'} + \frac{M_y}{2b'}$$

$$(8.22a)$$

在以上的推导中，假设各箍筋拉应力均相等，裂缝倾角与弯矩无关，弯矩完全由纵筋承担，实际上各侧面纵筋和箍筋不可能同时屈服，在加载过程中不断发生内力重分布，裂缝倾角、剪应力分布不断发生变化。为便于分析，假设各箍筋拉力相等。

从式（8.22）中可以看出，弯拉区纵筋①的拉应力最大，最先达到屈服，它控制着构件在复合受力状态下的强度，屈服时，$\overline{N}_1 = \frac{1}{4}A_{st}f_y$，$F = A_{sv}f_{yv}$，代入式（8.22a）中的第一式，整理可得

$$\frac{T^2}{4A_{cor}^2 A_{sv}f_{yv}A_{st}f_y/(U_{cor}s)} + \frac{V_y^2}{2A^2 A_{sv}f_{yv}A_{st}f_y/[h_{cor}s(t_1+t_3)^2]} +$$

$$\frac{V_x^2}{2A^2 A_{sv}f_{yv}A_{st}f_y/[h_{cor}s(t_2+t_4)^2]} - \frac{N}{A_{st}f_y/\beta_N} + \frac{M_x}{h'A_{st}f_y/2} + \frac{M_y}{b'A_{st}f_y/2}$$

$$=1 \qquad\qquad (8.23)$$

令

$$T_0 = 2A_{cor}\sqrt{\frac{A_{sv}f_{yv}}{s}\frac{A_sf_y}{U_{cor}}} \left.\begin{array}{c} \\ \\ \\ \\ \\ \\ \\ \\ \\ \end{array}\right\}$$

$$V_{0y} = \frac{A}{t_1+t_3}\sqrt{2\frac{A_{sv}f_{yv}}{s}\frac{A_sf_y}{h_{cor}}}$$

$$V_{0x} = \frac{A}{t_2+t_4}\sqrt{2\frac{A_{sv}f_{yv}}{s}\frac{A_sf_y}{b_{cor}}} \tag{8.23a}$$

$$N_0 = A_{st}f_y/\beta_N$$

$$M_{0x} = h'A_{st}f_y/2$$

$$M_{0y} = b'A_{st}f_y/2$$

将式 (8.23a) 代入式 (8.23)，可得

$$\left(\frac{T}{T_0}\right)^2 + \left(\frac{V_x}{V_{0x}}\right)^2 + \left(\frac{V_y}{V_{0x}}\right)^2 + \frac{M_x}{M_{0x}} + \frac{M_y}{M_{0y}} - \frac{N}{N_0} = 1 \tag{8.24}$$

式 (8.24) 即为复合受扭构件统一理论强度相关方程。若把 $\beta_N N$ 产生的效应看作增加纵向钢筋，并设

$$T_{0N} = 2A_{cor}\sqrt{\frac{A_{sv}f_{yv}}{s}\cdot\frac{A_sf_y+\beta_N N}{U_{cor}}} \left.\begin{array}{c} \\ \\ \\ \\ \\ \\ \\ \end{array}\right\}$$

$$V_{0yN} = \frac{A}{t_1+t_3}\sqrt{2\frac{A_{sv}f_{yv}}{s}\cdot\frac{A_sf_y+\beta_N N}{h_{cor}}}$$

$$V_{0xN} = \frac{A}{t_2+t_4}\sqrt{2\frac{A_{sv}f_{yv}}{s}\cdot\frac{A_sf_y+\beta_N N}{b_{cor}}} \tag{8.24a}$$

$$M_{0x} = h'(A_{st}f_y+\beta_N N)/2$$

$$M_{0y} = b'(A_{st}f_y+\beta_N N)/2$$

则式 (8.24) 变为

$$\left(\frac{T}{T_{0N}}\right)^2 + \left(\frac{V_x}{V_{0xN}}\right)^2 + \left(\frac{V_y}{V_{0yN}}\right)^2 + \frac{M_x}{M_{0xN}} + \frac{M_y}{M_{0yN}} = 1 \tag{8.25}$$

以上式中，A_{cor}——剪力流包围的面积，$A_{cor}=b_{cor}\cdot h_{cor}$；

A_{sv}——箍筋单肢面积；

f_{yv}——箍筋屈服强度；

A_{st}——纵筋总面积；

f_y——纵筋屈服强度；

U_{cor}——剪力流中心周长，$U_{cor}=2(b_{cor}+h_{cor})$；

t_1，t_2，t_3，t_4——箱形结构壁厚；

b'，h'——纵筋中心连线矩形的边长；

$\beta_N N$——箱形结构轴压力分配系数；

T_0——构件在纯扭作用下的极限扭矩；

V_{0x}，V_{0y}——x、y 方向上的抗剪强度；

N_0——构件在轴压力作用下的名义抗压强度；

M_{0x}，M_{0y}——x、y 方向上纯弯作用下构件的抗弯强度；

T_{0N}——构件在轴压扭作用下的极限扭矩；

V_{0xN}，V_{0yN}——轴压力作用下 x、y 方向上构件的抗剪强度；

M_{0xN}，M_{0yN}——轴压力作用下 x、y 方向上构件的抗弯强度；

式（8.25）为相关方程对轴力的隐含式，从中可以看出，轴压力相当于部分纵筋的作用，亦即施加轴压力等同于增加纵筋拉力，从而提高抗扭强度。

8.3.3　统一理论的强度相关关系讨论

图 8.6 所示为压、弯、剪、扭强度相关曲面，是以轴力 N 为参数的一组曲线簇组成的曲面[9,10]。

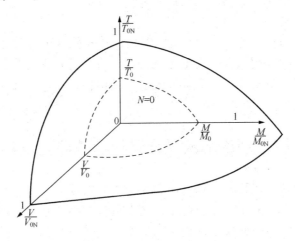

图 8.6　复合受扭构件统一理论强度相关曲面

1）当 $V_y=0$ 时，$M_x=0$（或 $V_x=0$ 时，$M_y=0$），即构件承受单向压、弯、剪及扭作用，则式（8.24）、式（8.25）变为

$$\left(\frac{T}{T_0}\right)^2+\left(\frac{V_x}{V_{0x}}\right)^2+\frac{M_y}{M_{0y}}-\frac{N}{N_0}=1 \tag{8.26}$$

$$\left(\frac{T}{T_{0N}}\right)^2+\left(\frac{V_x}{V_{0xN}}\right)^2+\frac{M_x}{M_{0xN}}=1 \tag{8.27}$$

式（8.27）表示出了以轴压比 N 为参数的弯剪扭相关方程，可以用如图 8.5 所示的三维相关曲面直观表示其关系。当 $N=0$ 时，V_{0N}、T_{0N}、M_{0N} 达到最小，相关曲线离坐标原点最近，极限强度最小。随着轴压比的增加，空间曲面向外扩张，极限强度增大。所以，弯剪扭是以轴力 N 为参数的空间曲面。

2) 当 $V_x = V_y = 0$ 时，式（8.26）、式（8.27）分别变为

$$\left(\frac{T}{T_0}\right)^2 + \frac{M_x}{M_{0x}} + \frac{M_y}{M_{0y}} - \frac{N}{N_0} = 1 \tag{8.28}$$

$$\left(\frac{T}{T_{0N}}\right)^2 + \frac{M_x}{M_{0xN}} + \frac{M_y}{M_{0yN}} = 1 \tag{8.29}$$

3) 当 $V_x = V_y = M_x = M_y = 0$ 时，式（4.28）变为

$$\left(\frac{T}{T_0}\right)^2 - \frac{N}{N_0} = 1 \tag{8.30}$$

即

$$T = T_0\sqrt{1 + \frac{N}{N_0}} = 2A_{cor}\sqrt{\frac{A_{sv}f_{yv}}{s} \cdot \frac{A_{st}f_y + \beta_N N}{U_{cor}}} \tag{8.31}$$

可见轴压力相当于纵筋的作用，它提高了构件的抗扭强度。但轴压比不能无限提高，因为轴压比过高时，构件开裂后，混凝土斜压杆受力超过了抗压强度，使构件脆性破坏。

综上所述，通过双向压、弯、剪、扭构件抗扭强度分析建立的强度相关方程与其中任何一种作用组合建立的方程相容，所以复合受力强度相关公式可用以上建立的方程来统一表达，它较好地表达了构件在扭转破坏时各内力的相互关系。

8.4　统一理论下的复合受扭承载能力设计方法

美国从 ACI 318-95R 开始到 ACI 318-02[11]，混凝土构件受扭承载力计算模型发生了重大改变，由原来的长期完全建立在斜弯理论基础上的两项式改为完全建立在薄壁管空间桁架模型理论基础上的单项式形式。实心及箱形截面混凝土受扭构件都被理想化为薄壁管，受扭承载力计算公式改为

$$T_n = \frac{2A_0 A_l f_{yv}}{s}\cot\theta \tag{8.32}$$

我国 89 规范给出的混凝土强度等级为 C7.5～C60，按变角空间桁架模型，矩形截面钢筋混凝土构件的受扭承载力计算公式为

$$T \leqslant 0.35 f_t W_t + 1.2\sqrt{\zeta}\frac{f_{yv}A_{st1}A_{cor}}{s} + 0.07\frac{N}{A}W_t \tag{8.33}$$

规范 GB 50010—2010[12] 在此基础上，将混凝土强度等级由 C60 提高到 C80，对受剪扭承载力计算公式及其相应的混凝土受扭承载力降低系数 β_t 均作了相应的调整。

无论是从美国钢筋混凝土房屋建筑规范 ACI 318-02 还是我国的规范 GB 50010—2010 来看，复合受扭计算公式主要是根据大量的中低强度混凝土构件试

验数据和资料确定的，对高强混凝土复合受扭缺少足够的试验数据资料（我国规范所统计的高强混凝土复合受扭的试验数据仅有 11 个），缺乏足够的试验依据，因此相应的系数取值、计算公式偏于保守，不利于发挥普通和高强混凝土的受扭承载能力。

本节结合前面所做的 9 个普通混凝土、26 个高强混凝土复合受扭构件的试验数据及所收集的其他混凝土复合受扭的试验数据，以推导出的强度相关方程为基础，提出了新的复合受扭构件抗扭承载能力的设计公式，为修订《混凝土结构设计规范》复合受扭承载力计算条文提出建议，具有较好的实用性。

8.4.1　实用承载能力设计方法

根据式（8.23），式中 h' 为纵筋中心间距，取 $h'=0.8h$，$b'=0.8b$，$\beta_N=\dfrac{(b-t_1-t_3)(h-t_2-t_4)}{bh}$，$h_0=0.9h$，$t_1$、$t_2$、$t_3$、$t_4$ 为箱形结构有效壁厚，由于构件受双向压、弯、剪、扭作用，轴压和弯压作用将使混凝土条带受压区增大，根据 8.3 节的分析结果，取 $t_1=t_r=0.2b$，$t_t=t_b=0.2h$，则 $\beta_N=0.64$，代入式（8.23）得

$$
\begin{aligned}
\frac{V^2}{V_{0N}^2} &= V^2 \frac{s\times 0.8b \cdot (0.2h+0.2h)^2 \cdot \cos^2\alpha + s\times 0.8h \cdot (0.2b+0.2b)^2 \cdot \sin^2\alpha}{2A^2 A_{sv} f_{yv}(A_{st} f_y + 0.64N)}\\
&= V^2 \frac{0.064(h\cdot\cos^2\alpha + b\cdot\sin^2\alpha)}{f_{yv}\cdot\dfrac{A_{sv}}{s}A(A_{st}f_y + 0.64N)}
\end{aligned}
\tag{8.34}
$$

$$
\frac{M}{M_{0N}} = \frac{N\cdot e_0}{\dfrac{0.444h_0(A_{st}f_y + 0.64N)}{\sin\alpha + \cos\alpha}} = \frac{2.25(\sin\alpha + \cos\alpha)e_0/h_0}{\dfrac{A_{st}f_y}{N} + 0.64}
\tag{8.35}
$$

将式（8.34）、式（8.35）代入式（8.26），可得

$$
\begin{aligned}
T &= T_{0N}\cdot\sqrt{1 - \frac{2.25(\sin\alpha+\cos\alpha)e_0/h_0}{\dfrac{A_{st}f_y}{N}+0.64} - \frac{0.064(b\cdot\cos^2\alpha+\sin^2\alpha)}{f_{yv}\dfrac{A_{sv}}{s}A(A_{st}f_y+0.64N)}V^2}\\
&= T_{0N}\cdot\sqrt{1 - \frac{2.25(\sin\alpha+\cos\alpha)e_0/h_0}{\dfrac{A_{st}f_y}{N}+0.64} - \frac{0.064V(h\cdot\cos^2\alpha+b\sin^2\alpha)}{f_{yv}\dfrac{A_{sv}}{s}A}\frac{V}{N}\frac{1}{\dfrac{A_{st}f_y}{N}+0.64}}
\end{aligned}
\tag{8.36}
$$

在式（8.36）中引入相对偏心距 e_0/h_0，轴压力强度比 $\dfrac{A_{st}f_y}{N}$，剪力强度比 $\dfrac{V(b\cdot\cos^2\alpha+\sin^2\alpha)}{f_{yv}\dfrac{A_{sv}}{s}A}$ 和剪压比 $\dfrac{V}{N}$，则从中可以看出双向偏压剪构件的抗扭强度 T 与相对偏心距、轴压比、偏心角、剪力的关系。

T_{0N} 拟采用规范公式的形式，但根据本书第 2 章、第 4 章和第 5 章的试验研究分析，轴压力项系数 0.07 偏小，应取轴压力项系数取为 0.4，钢筋项系数取 1.8，即

$$T_{0N} = 0.35 f_t W_t + 1.8 \sqrt{\xi} \frac{f_{yv} A_{sv} A_0}{s} + 0.4 \frac{N}{A} W_t \tag{8.37}$$

$$T = \left(0.35 f_t W_t + 1.8 \sqrt{\xi} \frac{f_{yv} A_{sv} A_0}{s} + 0.4 \frac{N}{A} W_t \right) \cdot$$

$$\sqrt{1 - \frac{2.25(\sin\alpha + \cos\alpha) e_0 / h_0}{\dfrac{A_{st} f_y}{N} + 0.64} - \frac{0.048 V(h\cos^2\alpha + b\sin^2\alpha)}{f_{yv} \dfrac{A_{sv}}{s} A} \frac{V}{N} \frac{1}{\dfrac{A_{st} f_y}{N} + 0.64}}$$

$$\tag{8.38}$$

当构件受单向偏压剪扭作用时，则只考虑一个方向的弯矩和剪力的作用，即 $\alpha = 90°$ 或 $\alpha = 0°$，则抗扭强度计算公式为

$$T = \left(0.35 f_t W_t + 1.8 \sqrt{\xi} \frac{f_{yv} A_{sv} A_0}{s} + 0.4 \frac{N}{A} W_t \right) \cdot$$

$$\sqrt{1 - \frac{2.25 e_0 / h_0}{\dfrac{A_{st} f_y}{N} + 0.64} - \frac{0.048 V}{f_{yv} \dfrac{A_{sv}}{s} b} \cdot \frac{V}{N} \cdot \frac{1}{\dfrac{A_{st} f_y}{N} + 0.64}} \tag{8.38a}$$

当构件受双向偏压扭作用时，去掉式 (8.38) 中的剪力项，得到

$$T = \left(0.35 f_t W_t + 1.8 \sqrt{\xi} \frac{f_{yv} A_{sv} A_0}{s} + 0.4 \frac{N}{A} W_t \right) \cdot$$

$$\sqrt{1 - \frac{2.25(\sin\alpha + \cos\alpha) e_0 / h_0}{\dfrac{A_{st} f_y}{N} + 0.64}} \tag{8.38b}$$

8.4.2 理论结果与试验结果的比较

1) 用本节所推导的公式 (8.38) 与本书第 2 章普通混凝土双向压弯剪构件在反复扭矩作用下的试验结果进行比较，同时也与 ACI 318-02、GB 50010—2010 的计算结果比较，见表 8.2。

表 8.2 普通混凝土双向压弯剪构件在反复扭矩作用下试验值与计算值的比较

试件号	试验值 T_u^e/(kN·m)	ACI 318-02	GB 50010—2010	式 (8.38) 计算值 T_u/(kN·m)	T_u^e/T_u
R2-2	37.93	19.522	21.779	29.551	1.283
R2-3	33.46	19.522	21.779	23.080	1.450
R2-4	31.31	19.522	21.375	25.167	1.264

试件号	试验值 $T_u^e/(kN \cdot m)$	ACI 318-02	GB 50010—2010	式（8.38）计算值 $T_u/(kN \cdot m)$	T_u^e/T_u
R3-2	35.73	19.522	22.418	30.623	1.1668
R3-3	31.38	19.522	21.972	21.101	1.487
R4-2	38.34	18.771	22.355	30.009	1.278
R4-3	31	19.522	21.950	19.497	1.590
R4-4	28.44	19.522	21.779	19.206	1.481
平均值					1.475
均方差					0.275
变异系数					0.186

2) 用本节所推导的公式（8.38）与本书第 4 章普通混凝土双向压弯剪构件在反复扭矩作用下的试验结果进行比较，同时也与 ACI 318-02、GB 50010—2010 的计算结果比较，见表 8.3。

表 8.3　高强混凝土单向压弯剪构件在单调扭矩作用下试验值与计算值的比较

试件	试验值 $T_u^e/(kN \cdot m)$	ACI 318-02	GB 50010—2010	式（8.38）计算值 $T_u/(kN \cdot m)$	T_u^e/T_u
H2-2	42.81	28.204	28.171	43.765	0.978
H2-3	41.04	28.204	28.171	39.315	1.044
H2-4	40.5	28.204	28.171	34.346	1.179
H3-2	44.81	28.204	28.995	46.754	0.958
H3-3	47.25	28.204	28.995	40.465	1.168
H3-4	44.41	28.204	28.995	32.954	1.348
H4-2	48.36	28.204	30.278	50.531	0.957
H4-3	46	28.204	28.995	40.111	1.146
H16	44.23	28.204	24.445	41.055	1.077
H18	42.32	28.204	27.417	31.594	1.340
H22	39.6	28.204	28.488	37.578	1.253
平均值					1.222
均方差					0.368
变异系数					0.301

3) 用本节所推导的公式（8.38）与本书第 5 章高强混凝土双向压弯剪构件在反复扭矩作用下的试验结果进行比较，同时也与 ACI 318-02、GB 50010—2010 的计算结果比较，见表 8.4。

表 8.4　高强混凝土双向压弯剪构件在反复扭矩作用下试验值与计算值的比较（$\alpha=45°$）

试件号	试验值 $T_u^t/(kN \cdot m)$	ACI 318-02	GB 50010—2010	式（8.38）计算值 $T_u/(kN \cdot m)$	T_u^t/T_u
RV2-2	42	28.204	28.169	40.154	1.046
RV2-3	40	28.204	28.169	33.045	1.210
RV2-4	40	28.204	28.169	23.885	1.675
RV3-2	43	28.204	29.575	41.843	1.028
RV3-3	42	28.204	29.575	31.226	1.345
RV4-2	47	28.204	30.975	43.851	1.072
RV4-3	43	28.204	30.556	27.714	1.552
HRV4-2	45	28.204	30.975	43.852	1.026
HRV4-3	43	28.204	30.975	31.166	1.379
平均值					1.269
均方差					0.25
变异系数					0.197

由表 8.2～表 8.4 可以看出，本节所给出的复合受扭状态下统一的承载能力设计公式不管对普通混凝土压、弯、剪、扭构件还是对高强混凝土压、弯、剪、扭构件都是适用的，计算值与试验值符合比较好。与 ACI 318-02、我国《混凝土结构设计规范》（GB 50010—2010）比较，承载能力设计公式清楚地显示了构件受力机理的统一理论，力学概念清晰，概括性强，便于针对不同的受力状况进行设计，既充分利用材料的强度，又具有足够的安全储备。

8.5　小　　结

对处于压、弯、剪、扭不同组合复合受力的各种构件，仅仅用求解理想弹塑性杆在扭矩和弯矩共同作用下的屈服强度的方法得出的弯扭强度相关关系及由此得出的计算公式，或者用斜弯理论推导承受双向弯矩、轴向力和扭矩的抗裂强度计算公式只是试验结果包络线的下限，尤其是在配筋率较高和混凝土强度较高的情况下，构件的开裂扭矩一般与试验值有一定的差别。在压、弯、剪构件单调和反复扭试验中，初始裂缝均产生在剪应力相加面的中部，此处为弯矩作用的中性轴附近，弯曲应力较小，可忽略不计。本章假定在扭矩和剪力所产生的剪应力与轴压力共同作用下，剪应力按弹性理论计算，扭剪应力按全塑性理论计算，考虑混凝土受拉的软化效应在混凝土内部产生的内力重分布，主拉应力达到混凝土的抗拉强度，破坏时混凝土受拉的软化效应以及与混凝土强度等级有关的因素以塑性系数 K 表达，建立的开裂承载能力实用计算公式式（8.5）考虑到在混凝土内部产生的内力重分布的非弹性性质，与试验结果比较，符合良好。

基于压弯剪扭构件的受力行为的复杂性，本章提出的统一理论模型将双向压、弯、剪、扭构件截面划分成箱形截面和核心矩形截面两部分，并且近似认为扭矩 T 和双向弯矩 M_x、M_y 由箱形截面承担，压力和剪力由薄壁箱形截面和核心矩形截面两部分共同承担，考虑斜压杆是弹塑性性能充分发展的材料，混凝土的软化、裂缝的开展等均为受扭行为的影响因素。通过双向压、弯、剪、扭构件抗扭强度分析，建立了复合受扭构件统一理论强度相关方程［式（8.25）］，与其中任何一种作用组合建立的方程相容，较好地表达了构件在扭转破坏时各内力的相互关系。

我国现行的混凝土结构设计规范中，复合受扭承载能力的设计计算公式主要是根据部分空间变角桁架模型叠加设计原则和大量的中低强度混凝土构件试验数据及资料确定的，同时对高强混凝土复合受扭缺少足够的试验依据，计算公式偏于保守，不利于普通和高强混凝土的受扭承载能力设计。本章结合复合受扭构件的试验研究，以统一理论模型的强度相关方程为基础，提出了新的复合受扭构件抗扭承载能力的设计方法及计算公式（8.38），具有较好的实用性，计算结果与试验结果的符合性良好，且具有较强的适应性，为修订《混凝土结构设计规范》中复合受扭承载力计算条文提供了依据。

参 考 文 献

[1] A A Ewida，A E McMullen. Torsion-Shear-Flexure Interaction in Reinforced Concrete Members ［J］. Magazine of Concrete Research，1981，23 (115).

[2] R Hill，M P L Siebel. On the Plastic Distortion of Solid Bars by Combined Bending and Twisting ［J］. Journal of the Mechanics and Physics of Solids，1953，1 (3).

[3] 蔡绍怀. 混凝土、钢筋混凝土及预应力钢筋混凝土构件在有扭矩作用时的抗裂强度计算［J］. 土木工程学报，1964（04）.

[4] 徐积善. 配筋混凝土及预应力混凝土结构受扭复合应力作用下的抗裂计算［J］. 电力建设，1983（04）.

[5] G S Pandit，et al. Limit State Design of Concrete Members Subjected to Torsion Loading ［J］. Journal of Structural Engineering，1978，5 (4).

［6］ A K Sharma，G S Pandit. Tests on Concrete Beam in Combined Torsion ［J］. The Indian Concrete Journal，1978 (52).

［7］ 黄书秩，张誉. 剪扭共同作用下钢筋混凝土矩形梁的强度与变形 ［C］. 第二届混凝土及预应力混凝土学术讨论会，1984.

［8］ 林咏梅. 钢筋混凝土双向压、弯、剪构件在单调扭矩作用下抗扭性能的研究 ［D］. 西安：西安建筑科技大学，1994.

［9］ T T C Hsu. Softened Truss Model Theory for Shear and Torsion ［J］. Structural Journal of the American Concrete Institute，1988，85 (6).

［10］ 刘凤奎，许克宾. 弯、剪、扭共同作用下钢筋混凝土构件的板—桁模型理论 ［J］. 土木工程学报，1996，29 (3)：3-15.

［11］ ACI Committee 318. Building Code Requirements for Structural Concrete (ACI 318-02) and Commentary (ACI 318R-02) ［S］.

［12］ 中华人民共和国国家标准.《混凝土结构设计规范》(GB 50010—2010) ［S］. 北京：中国建筑工业出版社，2010.